Botanische Insektizide zur Bekämpfung von Asecypha bimaculata Jacoby)

Paulo Tebulo
Adelina Adelino
Banu Irénio

Botanische Insektizide zur Bekämpfung von(Alocypha bimaculata Jacoby)

über den Ertrag vonSesam (Sesamum indicum L.) unter den edaphoklimatischen Bedingungen des Mapupulo-Cabo Delgado Agronomic Post

Imprint

Any brand names and product names mentioned in this book are subject to trademark, brand or patent protection and are trademarks or registered trademarks of their respective holders. The use of brand names, product names, common names, trade names, product descriptions etc. even without a particular marking in this work is in no way to be construed to mean that such names may be regarded as unrestricted in respect of trademark and brand protection legislation and could thus be used by anyone.

Cover image: www.ingimage.com

This book is a translation from the original published under ISBN 978-620-6-76135-8.

Publisher:
Sciencia Scripts
is a trademark of
Dodo Books Indian Ocean Ltd. and OmniScriptum S.R.L publishing group

120 High Road, East Finchley, London, N2 9ED, United Kingdom
Str. Armeneasca 28/1, office 1, Chisinau MD-2012, Republic of Moldova, Europe

ISBN: 978-620-8-20487-7

Copyright © Paulo Tebulo, Adelina Adelino, Banu Irénio
Copyright © 2024 Dodo Books Indian Ocean Ltd. and OmniScriptum S.R.L publishing group

INHALTSVERZEICHNIS

Zusammenfassung 2

Abstrakt 3

Liste der Abkürzungen 4

KAPITEL I. EINFÜHRUNG 5

KAPITEL II. BIBLIOGRAFISCHER ÜBERBLICK 9

KAPITEL III: METHODIK 29

KAPITEL IV: ANALYSE UND DISKUSSION DER ERGEBNISSE 40

BIBLIOGRAFISCHE HINWEISE 50

Zusammenfassung

Ziel dieser Studie war es, die Leistung pflanzlicher Insektizide bei der Bekämpfung des Blattkäfers (*Alocypha bimaculata* Jacoby) auf den Ertrag der *Sesampflanze* (*Sesamum indicum L.*) unter den Boden- und Klimabedingungen des landwirtschaftlichen Standorts Mapupulo in der Provinz Cabo Delgado zu bewerten. Ein Versuch wurde in der Kampagne 2022/2023 auf den Feldern des landwirtschaftlichen Forschungszentrums Mapupulo (CIAM) durchgeführt, das zum landwirtschaftlichen Forschungsinstitut Mosambiks (IIAM) gehört. Es wurde ein kausalisiertes komplettes Blockdesign (DBCC) verwendet, bestehend aus 4 Blöcken und 5 Behandlungen auf der Grundlage von Margosa, Castor, Eukalyptus, Kontrolle und Tabak. Die folgenden entomologischen Parameter wurden beobachtet: Herbivorie-Index vor und nach der Anwendung, Anzahl der toten Schädlinge, Anzahl der lebenden Schädlinge, und agronomische Parameter: Anzahl der Schoten pro Pflanze und Schotengewicht sowie Ertrag in kg/ha. Hinsichtlich der Wirksamkeit der pflanzlichen Insektizide wurde festgestellt, dass die Tabakextrakte den geringsten Schädlingsbefall in Form von Herbivorie in ihren Parzellen aufwiesen, gefolgt von den Margosa-Extrakten, so dass die Kontrolle die höchste Anzahl von Schädlingen und Schäden aufwies. Für die Erstellung von Diagrammen und Tabellen wurde Excel verwendet. Für die ANOVA wurde das Statistikpaket Statistix 10.0 verwendet, und auf der Grundlage des Tukey-Tests bei einem Signifikanzniveau von 5 % wurden bei allen Variablen signifikante Unterschiede festgestellt, so dass bei der Ertragsvariablen die Tabakextrakte einen Durchschnitt von 1501,0 kg/ha und die Margosa-Extrakte einen Durchschnitt von weniger als 992,5 kg/ha aufwiesen.

Schlüsselwort: *Sesamum indicum L. Alocypha bimaculata* Jacoby, pflanzliche Insektizide.

Abstrakt

Diese Studie zielt darauf ab, die Leistung pflanzlicher Insektizide bei der Bekämpfung des Blattkäfers (*Alocypha bimaculata* Jacoby) in der Sesampflanze (*Sesamum indicum L.*) unter den edaphoklimatischen Bedingungen der agronomischen Station von Mapupulo, Provinz Cabo Delgado, zu bewerten. Ein Versuch wurde während der Kampagne 2022/2023 auf den Feldern des landwirtschaftlichen Forschungszentrums von Mapupulo (CIAM) durchgeführt, das zum landwirtschaftlichen Forschungsinstitut von Mosambik (IIAM) gehört. Es wurde ein Randomised Complete Block Design (RCBD) mit 4 Blöcken und 5 Behandlungen verwendet: Tabaco, Eukalyptol, Neen und Ricin. Die folgenden entomologischen Parameter wurden beobachtet: Herbivorie-Index vor und nach der Anwendung, Anzahl der toten Schädlinge, Anzahl der lebenden Schädlinge und agronomische Parameter: Anzahl der Schoten pro Pflanze, Schotengewicht und Ertrag in kg/ha. Was die Effizienz der Biopestizide betrifft, so wiesen die Tabakextrakte den niedrigsten Schädlingsbefallsindex (Herbivorie) in ihren Parzellen auf, gefolgt von den Neem-Extrakten, während die Kontrolle eine höhere Anzahl von Schädlingen und Schäden aufwies. Für die Erstellung von Diagrammen und Tabellen wurde Excel verwendet, und für die ANOVA wurde das Statistikpaket Statistix 10.0 eingesetzt. Auf der Grundlage des Tukey-Tests bei einem Signifikanzniveau von 5 % wurden bei allen Variablen signifikante Unterschiede festgestellt. In Bezug auf den Ertrag hatten die Tabakextrakte einen Durchschnitt von 1501,0 kg/ha, während die Neem-Extrakte einen Durchschnitt von weniger als 992,5 kg/ha hatten.

Schlüsselwörter: *Sesamum indicum* L, *Alocypha bimaculata* Jacoby, pflanzliche Insektizide

Liste der Abkürzungen

CIAM	Mozambique Forschungszentrum
CVC	Variationskoeffizient
m^2	Quadratmeter
G	Grams
FAO	Ernährungs- und Landwirtschaftsorganisation
IIAM	Landwirtschaftliches Forschungsinstitut von Mosambik
	Hektar
MAE	Ministerium für staatliche Verwaltung
	Kilometer
Mm	Millimeter
MADER	Ministerium für Landwirtschaft und ländliche Entwicklung
SDAE	Serviços Distritais de Actividades Económicas
ANOVA	Analyse der Varianz
MASA	Ministerium für Landwirtschaft und Ernährungssicherheit
ABJ	*Alocypha bimaculata* Jacoby
USAID	Agentur der Vereinigten Staaten für internationale Entwicklung

KAPITEL I. EINFÜHRUNG

1.1. Sesamanbau im Allgemeinen

Sesam (Sesamum indicum L.) ist als eine der ältesten weltweit produzierten Ölsaaten bekannt und stammt ursprünglich aus Afrika, wo die meisten Wildarten der Gattung *Sesamum* konzentriert sind (Sousa et al., 2017).

Die Landwirtschaft spielt in vielen Ländern eine wichtige Rolle für die Ernährungssicherheit, die Beschäftigung und die sozioökonomische Entwicklung. Sie ist jedoch ständig durch Schädlinge und Krankheiten bedroht, die den Kulturen erheblichen Schaden zufügen und zu erheblichen Produktionsverlusten führen können. Der Blattkäfer (*Alocypha bimaculata* Jacoby) ist ein Schädling, der die Sesampflanze befällt, schwere Schäden an den Blättern verursacht und die Ernteerträge gefährdet (IIAM, 2020).

In diesem Zusammenhang wurde der Einsatz pflanzlicher Insektizide als nachhaltige Alternative zur Bekämpfung landwirtschaftlicher Schädlinge hervorgehoben, um die von Insekten verursachten Schäden zu verringern und die Auswirkungen auf die Umwelt sowie die Exposition gegenüber schädlichen Chemikalien zu minimieren. Ziel dieser Studie ist es, die Leistung pflanzlicher Insektizide bei der Bekämpfung des Blattkäfers und ihre Auswirkungen auf die Sesamerträge in Mosambik zu bewerten (Guimarães, 2012).

Das Problem besteht darin, dass die Qualität und Produktivität der landwirtschaftlichen Erzeugnisse durch den Befall mit Blattkäfern sinkt, insbesondere in Gebieten mit kleinen Erzeugern, die aufgrund finanzieller Engpässe oft keinen Zugang zu anorganischen Pestiziden haben. Der intensive Einsatz chemischer Produkte hat nachteilige Auswirkungen auf die Umwelt und die menschliche Gesundheit, so dass nach sichereren und nachhaltigeren Alternativen wie Biopestiziden gesucht werden muss (Patrícia Garcia Ferreira, 2022).

Nach Angaben des Instituto de Investigação Agraria de Moçambique - IIAM (2020) liegt der durchschnittliche Ertrag der Sorte Lindi-Sesam bei 800 kg bis 1000 t/ha, wobei er von Region zu Region variiert.

Im Bezirk Montepuez wird der Sesamanbau im Familienbetrieb von Kleinproduzenten unter Regenwetterbedingungen betrieben. Der Bezirk Montepuez liegt in der agro-ökologischen Region R7 mit einem durchschnittlichen Ertrag von 800 kg/ha.

1.2. Problemstellung

In den letzten Jahren hat das Auftreten des Blattkäfers (*Alocypha bimaculata* Jacoby) im Land, insbesondere im Bezirk Montepuez, zu einem Rückgang der Qualität und Produktivität der Erzeugnisse geführt. Da der Großteil der mosambikanischen Bevölkerung Familienbetriebe führt, sind die Einkommen gering, da die meisten Erzeuger nicht über die finanziellen Mittel verfügen, um anorganische Pestizide zu kaufen.

Kleinerzeuger entscheiden sich für den Einsatz chemischer Produkte, manchmal in hohen Dosen, die nicht nur umweltschädlich sind, sondern auch zu negativen Folgen wie dem Auftreten resistenter Organismen und der Vergiftung der Pflanze selbst führen können.

Der Einsatz chemischer Produkte hat sich jedoch bis heute ausgeweitet, und mit zunehmender Wirkung sind diese Produkte Autos, die bei intensivem und unsachgemäßem Einsatz sowohl der Umwelt als auch dem Menschen Schaden zufügen. Vor diesem Hintergrund soll in dieser Studie die Frage beantwortet werden, ob es eine Alternative zur Verwendung von Bioinsektiziden gibt, die besser sind, eine geringe Toxizität aufweisen und zur Ernährungsqualität beitragen, um den Blattkäfer (*Alocypha bimaculata* Jacoby*)* zu bekämpfen, ohne die Umwelt und den Verbraucher zu schädigen, und die aus Pflanzen (Tabak, Eukalyptus, Rizinus und Margosa) gewonnen werden und zu einer

Ertragssteigerung beitragen?

1.3. Rechtfertigung

Wie in Mosambik üblich, gilt Sesam als Haupteinkommensquelle für mosambikanische Familien und trägt auch erheblich zum wirtschaftlichen Wert der Region und des Landes insgesamt bei. Dementsprechend sind die Erzeuger aufgefordert, sich mit großem Engagement um eine Steigerung der Produktion und Produktivität zu bemühen, um ihren Bedarf und den des Landes insgesamt zu decken.

Im Bezirk Montepuez bauen die meisten Erzeuger Sesam an, der sowohl eine Nahrungs- als auch eine Einkommensquelle darstellt und aufgrund seines Nährstoffgehalts und seines vielfältigen Potenzials unverzichtbar ist. Der verstärkte Einsatz von Bioinsektiziden wird zu einer höheren Produktivität und einer geringeren Umweltbelastung führen.

Diese Studie befasst sich mit einem praktischen, leicht zugänglichen und kostengünstigen Ansatz, der die Umweltproblematik umfassend angeht, indem er einen nachhaltigen Raum der Konversation schafft, nämlich die Anwendung von pflanzlichen Insektiziden.

Als sozialer Gewinn wird der Kleinerzeuger mit einer neuen Produktionstechnik ausgestattet und hat die Kontrolle über
mit Hilfe von Bioinsektiziden, die zu einer Steigerung des Familieneinkommens und des Wohlstands führen; aus akademischer Sicht ist es ein nachhaltiger Rahmen, der gestern, heute und morgen gilt;

Es wird jedoch erwartet, dass diese Studie Anzeichen für eine Verbesserung der durch Käferbefall verursachten niedrigen Erträge zeigen wird, über die sich die Erzeuger in dieser Region beklagen.

1.4. Zielsetzungen:

1.4.1 Allgemeines Ziel

Bewertung der Wirksamkeit von Bioinsektiziden bei der Bekämpfung des Blattkäfers (*Alocypha bimaculata* Jacoby) auf den Ertrag der Sesampflanze (*Sesamum indicum* L.) unter den Boden- und Klimabedingungen des agronomischen Zentrums Mapupulo.

1.4.2. Spezifische Ziele

✓ Überprüfen Sie das Auftreten von Schädlingen in den verschiedenen Behandlungen vor und nach der Anwendung der pflanzlichen Insektizide.

✓ Vergleich der Wirksamkeit pflanzlicher Insektizide bei der Bekämpfung des Blattkäfers

✓ Beschreiben Sie die Wachstumsparameter (beschädigte Blätter und Anzahl der lebenden und toten Schädlinge) und den Ertrag (Gewicht der Kapseln, Anzahl der Kapseln), wenn pflanzliche Insektizide eingesetzt werden;

✓ Setzen Sie den Schädlingsbefall nach der Anwendung mit den Merkmalen der Wachstums- und Ertragsparameter in Beziehung.

1.5. Hypothesen

H0: Botanische Insektizide sind nicht wirksam bei der Bekämpfung des Blattkäfers (*Alocypha bimaculata* Jacoby).

H1: Mindestens eines der pflanzlichen Insektizide war bei der Bekämpfung des Blattkäfers (*Alocypha bimaculata* Jacoby) wirksam.

KAPITEL II. BIBLIOGRAFISCHER ÜBERBLICK

2. Beschreibung des Sesamanbaus

Die Sesampflanze stammt ursprünglich aus Afrika, und obwohl sie von großem wirtschaftlichem Wert ist, wird sie immer noch nur auf kleinen Flächen angebaut. Es handelt sich um eine sehr alte Kulturpflanze, die als eine der wichtigsten Ölsaaten weltweit gilt und an neunter Stelle der am meisten angebauten Getreidearten steht (Queiroga et al., 2008).

2.1 Taxonomie des Sesamanbaus

Die Sesampflanze ist eine Pflanze aus dem Reich der Pflanzen (Plantae), der Abteilung Magnoliophyta, der Klasse Magnoliopsida, der Ordnung Lamiales, der Familie Pedaliaceae, der Gattung *Sesamum* und der Art *Sesamum indicum* (Arriel, 2009). Die Pflanze gilt als überwiegend autogame Art, so dass einige Autoren von unterschiedlichen Allogamieraten berichten, die von Region zu Region variieren (Firmino et al., 2001).

Die Sesampflanze hat einen aufrechten Stängel mit einem drehbaren Wurzelsystem, ihr Hauptmerkmal ist ihre Heterogenität in Bezug auf die Anzahl der Blüten und Früchte pro Blattachsel, die Fruchtgröße, die Samen, ihre absteigende und nicht aufsteigende Eigenschaft, die Samen sind klein und wiegen normalerweise 2 bis 4 g, je nach Sorte und Umgebung, die Farbe der Samen variiert von weiß bis schwarz, was einen direkten Einfluss auf ihren Kornertrag und Ölgehalt haben kann (Beltrão et al., 2007).

Die Blätter sind wechselständig und am unteren Teil der ausgewachsenen Pflanze breiter, unregelmäßig gezähnt oder lanzettlich, am oberen Teil lanzettlich. Die Blüten sind gefüllt und achselständig, 1 bis 3 pro Blattachsel. Die Frucht hat die Form einer länglichen, behaarten, häutigen Kapsel, die sich bei Reife öffnet und die Samen verstreut oder nicht häutet (Embrapa, 2007 zitiert von Arriel et al.).

2.2. Die Bedeutung der Kultur

Sesam ist eine Kulturpflanze von großem wirtschaftlichem Wert und kann für die meisten Erzeuger, insbesondere im Familiensektor, die Einkommensquelle darstellen. Sein Verzehr ist aufgrund seiner positiven Auswirkungen auf die menschliche Gesundheit bei der Vorbeugung verschiedener Krankheiten unerlässlich (Arriel, Beltrão & Firmino, 2009).

Sesamsamen sind reich an Proteinen und werden für die Herstellung von Brot, Keksen und Süßigkeiten verwendet. Sie haben auch einen hohen Ölgehalt (ca. 50 %), der in der Lebensmittel- und Chemieindustrie, als pflanzliche Medizin, Kosmetik und Tierfutter verwendet werden kann (Correia et al., 1995; Arriel et al., 2006; Queiroga et al., 2008). Rund 70 Prozent der Sesamkornproduktion werden für die Verarbeitung zu Öl und Lebensmitteln verwendet (PERIN et al., 2010).

Derzeit berichten mehrere Autoren, dass der Verzehr von Sesam wichtig ist, weil er der menschlichen Gesundheit zugute kommt und dazu beiträgt, verschiedene Krankheiten wie Depressionen, Osteoporose (weil er reich an Kalzium ist), Cholesterin (Lecithin) und Arteriosklerose zu verhindern (Queiroga, Arriel & Silva, 2010).

2.2.1. Kochkunst

Die Verwendung von Sesamöl für den menschlichen Verzehr hat eine lange Geschichte und variiert je nach Region und Gewohnheiten der Menschen, die es gewinnen. Die industrielle Verwendung von Sesamsamen umfasst die Herstellung von Kleie für Futtermittel, Mehl, Kuchen und Süßwaren (Godoy et al, 1985).

2.2.2 Herstellung von Kosmetika

Sesamöl kann leicht in die Haut eindringen und die tieferen Gewebeschichten nähren und entgiften (Morrison & Foerster, 2008).

2.2.1 Pharmazeutische Maßnahmen

Der Tee aus Sesamblättern wird zur Linderung von Durchfallerkrankungen verwendet, das Öl aus den Samen wird als Umschlag bei Verbrennungen eingesetzt, er gilt als Stimulans für die Milchbildung und ist für seine antirheumatische und entzündungshemmende Wirkung bekannt, und in asiatischen Ländern wird er zur Behandlung von Wunden, vor allem durch Verbrennungen, eingesetzt (Alvarez et al., 2008).

2.3. Kultivierung

In Mosambik wird Sesam im Norden und in der Mitte des Landes hauptsächlich von Kleinerzeugern angebaut. Der Anbau ist wichtig, damit die Pflanze ihr maximales Produktionspotenzial, ihre Produktivität und ihre Rentabilität entfalten kann (Embrapa, 2009).

2.3.1. Vorbereitung des Bodens

Die Sesampflanze ist eine sehr langsam wachsende Pflanze, was in den ersten 45 Tagen nach dem Auflaufen kritisch ist. In dieser Zeit muss sie unkrautfrei gehalten werden, weshalb die Bodenvorbereitung ein sehr wichtiges Instrument ist, da sie als Unkrautbekämpfungsmethode dient, und es wird empfohlen, sie vor der Aussaat zwei- oder dreimal mit einer Hacke oder Fräse durchzuführen (Embrapa, 2007).

Bei der maschinellen oder manuellen Vorbereitung des Bodens ist es wichtig, je nach Tiefe, Relief, Struktur und Strukturklasse des Bodens geeignete landwirtschaftliche Geräte zu verwenden, wobei aufgrund der Beschaffenheit des Saatguts, das klein und leicht ist, Erdklumpen zu vermeiden sind und ein gleichmäßiges Bett für eine gute Keimung vorzuziehen ist (Queiroga, Arriel und Silva, 2010).

2.2.1 Aussaat und Keimung

Die Aussaat kann je nach Anbaufläche und technologischem Stand der Kultur manuell oder maschinell erfolgen, wobei die Saatgutmenge pro Hektar je nach Abstand und Dichte der Anpflanzung zwischen 1,5 kg und 3,5 kg variiert. Die Aussaat kann in flachen Furchen oder in flachen Gruben mit einer Tiefe von 2 cm erfolgen (Araújo, 2005).

Für unverzweigte Sorten wird ein Abstand von 0,60 bis 0,80 cm zwischen den Reihen und 0,10* 0,20 cm zwischen den Pflanzen empfohlen. Für die Anpflanzung in Doppelreihen wird ein Reihenabstand von 1,70 cm und ein Abstand von 0,10 cm zwischen den Pflanzen empfohlen (Beltrão et al., 2001).

Sesam ist eine zunächst langsam wachsende Pflanze, deren kritisches Wachstum in den ersten Tagen nach dem Aufgehen des Keimlings einsetzt und je nach Sorte und unterschiedlichen Boden- und Klimabedingungen 3 bis 5 Tage dauert; sie muss frei von Unkraut und Schädlingen gehalten werden (Embrapa, 2009). Wenn die Sesampflanzen jedoch Nährstoffstress ausgesetzt sind, können die Kapseln, die die Samen enthalten, absterben (Beltrão et al., 2001).

2.3 Böden für den Sesamanbau

Die für den Sesamanbau am besten geeigneten Böden sind lehmige, sandige, gut durchlässige Böden mit einer Mindesttiefe von 60 cm und natürlicher Fruchtbarkeit. Die Pflanze verträgt keinen Ph-Wert unter 5,5 oder über 8, sie ist sehr empfindlich gegenüber Salzgehalt und Alkalität (IIAM, 2020).

Júnior & Azevedo (2013) stellen fest, dass die Sesampflanze in jeder Art von Boden wachsen und sich entwickeln kann, solange dieser gut durchlässig ist und eine gute Struktur aufweist. Lehmböden und Böden mit Verdichtungsproblemen sollten vermieden werden, da der Sauerstoffgehalt in den Wurzeln so weit eingeschränkt werden kann, dass das Wachstum und die Entwicklung der Pflanzen und ihre wirtschaftliche Produktionskapazität gefährdet sind.

2.2. Wetter

Die Pflanze ist sehr anpassungsfähig an die Boden- und Klimabedingungen des heißen tropischen Klimas und tolerant gegenüber Wasserstress (Beltrão et al., 2010). Allerdings sind die wichtigsten klimatischen Faktoren, die eine gute Entwicklung der Kultur in Bezug auf die Temperatur von 25 bis 30 C, mit einer Mindestniederschlagsmenge von 300 mm, die höchste Leuchtkraft der Kultur ist 10 Stunden Licht pro Tag, und Höhe vorzugsweise aus niedrigen Höhen und bis zu großen Höhen zu bestimmen.

1.200 m (Embrapa, 2009).

2.3. Temperatur

Die Sesampflanze gedeiht in sehr großen Höhen nicht, was zur Folge hat, dass die Pflanzen verkümmern, sich kaum verzweigen und eine geringe Produktion aufweisen (Embrapa, 2014). Temperaturen unter 20 ^oC, 10 oC und über 40 ^oC sind ungünstig, da es zu einer Verzögerung der Keimung und der Pflanzenentwicklung, einer Lähmung des Zellstoffwechsels und einem Absterben der Blüten mit oder ohne Kornfüllung kommt (Silva, et al., 2019).

Durchschnittstemperaturen von $27\ °C$ sind jedoch für das vegetative Wachstum und die Reifung der Sesamschoten günstig.

Der Mehrertrag der Sesampflanze hängt von der Niederschlagsmenge ab, die sich wie folgt verteilt: Zur Keimung benötigt die Pflanze 35 %, zur Blüte 45 % und zu Beginn der Fruchtreife (Kapsel) 20 %. An Orten mit weniger als 300 mm Niederschlag kann die Pflanze 300 bis 500 kg/ha Getreide produzieren. Der

Wasserbedarf der Sesampflanze steht in direktem Zusammenhang mit der Verteilung der Gesamtniederschlagsmenge während der vegetativen Phase der Pflanze. Obwohl diese Pflanze trockenheitsresistent ist, reagiert sie empfindlich auf Staunässe, d. h. die Bodenfeuchtigkeit ist für die Blüte und die Fruchtbildung von Vorteil, aber starke Regenfälle führen zu Blütenabbrüchen und zum Absterben der Pflanzen (Firmino et al., 2007). Der optimale Bereich für den Sesamanbau liegt zwischen 500 und 600 mm (Grilo Júnior & Azevedo, 2013).

2.2 Nährstoffbedarf der Sesampflanze

Für die Sesampflanze **ist** der Stickstoff der am meisten begrenzende Faktor in Bezug auf die Nährstoffe zum Zeitpunkt der Produktion, da er für wichtige Funktionen im Pflanzenstoffwechsel und in der Ernährung verantwortlich ist. Ein Mangel an Stickstoff führt zu einer Ernährungsstörung mit Produktionsrückgang, eine Zunahme zu einem verstärkten Auftreten von Schädlingen und Krankheiten, einem Produktionsrückgang und einer Verringerung des Ölgehalts (Biscaro *et al.*,

2008).

Souza *et al.* (2014) überprüften die anfängliche Entwicklung von Sesam mit Stickstoffdüngung und kamen zu dem Schluss, dass eine Düngung mit 85,6 bis 119,2 kg N pro Hektar eine gute Pflanzenentwicklung in Bezug auf Höhe und Stammdurchmesser fördert.

Eine der Möglichkeiten zur Verringerung von Verlusten und Produktionskosten ist die Verwendung organischer Betriebsmittel, die auf den meisten ländlichen Grundstücken leicht zu finden sind (Silva et al., 2010). Aus derselben Perspektive berichtet Monteiro (2014), dass die Verwendung von Bio-Produkten wie Margosa-Extrakten, Kuhmilch, Tabak, Melasse, Ziegenmist und

Rizinusöl zur Herstellung einer organischen Nährstofflösung und zur Steigerung des Ernteertrags sowie zur Verringerung des Einsatzes anorganischer Betriebsmittel und damit zur Senkung der Produktionskosten beitragen kann.

Phosphor (P) hingegen ist ebenfalls ein wesentlicher Nährstoff, den die Pflanze benötigt. Im Fall von Sesam ist dieser Nährstoff an Stoffwechselprozessen wie der Nährstoffaufnahme und der Bildung der verschiedenen Organe der Pflanze beteiligt (Frandoloso, 2006). Prado (2008) sagt, dass Kalium (K) als grundlegendes Element für Wachstum, Entwicklung und Kornqualität gilt.

Carneiro et al. (2014) bewerteten organische und phosphathaltige Düngemittel im Sesamanbau und stellten fest, dass organische Düngemittel chemische Düngemittel ersetzen können, um den Bedarf der Pflanzen zu decken, und eine ähnliche oder sogar bessere Wirkung als chemische Düngemittel haben.

2.2 Ernten

Je nach Umweltbedingungen und Sorte hat Sesam einen Zyklus, der zwischen 3 und 4 Monaten variiert. Bei der Ernte ist Vorsicht geboten, da sich die Früchte bei Reife natürlich öffnen. Die Ernte sollte zum Zeitpunkt der physiologischen Reife erfolgen, d. h. ab dem Zeitpunkt, an dem die Pflanzen an den Zweigen und Blüten gelb werden und sich die Basalkapseln zu öffnen beginnen. Die Ernte kann je nach Anbaufläche manuell oder maschinell erfolgen (Antoniassi et al., 2013). Die Reifung der Früchte erfolgt jedoch nicht gleichmäßig, da sich die Kapseln an der Basis der Pflanze früher öffnen, was den genauen Zeitpunkt für den Beginn der Ernte angibt. Wird die Ernte später eingebracht, kommt es zu einem größeren Verlust an Körnern, da die Dehiszenz der Früchte schnell voranschreitet (Lagos, 2001).

Bei der manuellen Ernte wird in der Regel die Basis der Pflanzen an der Stelle abgeschnitten, an der die erste Frucht sitzt. Nach dem Schneiden werden die Bündel zusammengebunden, wobei die Spitzen nach oben zeigen. Sie sollten zusammengefügt und zum natürlichen Trocknen ausgelegt werden, vorzugsweise am gleichen Ort. Nach dem Trocknen werden sie auf eine Plastikfolie geklopft, um zu verhindern, dass die Körner verstreut werden. Wenn es notwendig ist, die Körner nach dem Klopfen weiter zu trocknen, ist es ratsam, eine dünne Schicht von Körnern auf der Plastikfolie zu verteilen, bis die Luftfeuchtigkeit zwischen 4 und 6 % liegt. Vorsicht ist vor allem bei Wind geboten, der dazu beitragen kann, dass trockene Kapseln auf den Boden fallen (Silva, 2010).

2.2. Einkommen

Der durchschnittliche Ertrag von Sesam liegt bei etwa 650 kg/ha, kann aber je nach Sorte und bei angemessener Düngung bis zu 1.500 kg/ha betragen (Neto *et al.*, 2016). Es ist zu beachten, dass dieser Wert je nach Boden, Klima, Sorte, Pflanzenbestand, Anbau, Anzahl der Samen pro Kapsel und Samengewicht variieren kann, wobei einige Genotypen bis zu 1.800 kg/ha erbringen (Embrapa, 2009).

2.3. Internationale Produktion

Nach Angaben der FAO (2019) war der Sudan mit 1.210.000 t/ha das Land mit der größten Sesamproduktion und trug damit 18,47 % zur Weltproduktion bei. Sesam wird in 71 Ländern auf dem asiatischen Kontinent und in Afrika angebaut. Die weltweite Produktion wird auf 3,16 Millionen Tonnen und die Anbaufläche auf 6,56 Millionen Hektar mit einem Ertrag von 481,40 kg/ha geschätzt. Indien und Myanmar sind für 49 % der weltweiten Sesamproduktion verantwortlich, während Brasilien mit 15.000 Tonnen auf 25.000 Hektar und einem Ertrag von rund 600 kg/ha einer der kleinsten Produzenten dieser Kultur ist (FAO).

2.3.1. Produktion in Mosambik

Aus wirtschaftlicher Sicht hat sich Sesam in Mosambik auf der nationalen

Bühne hervorgetan. Die Produktion zeigt einen leichten Aufwärtstrend, ist aber im Vergleich zu anderen afrikanischen Ländern immer noch sehr niedrig. Mosambik ist mit einer Produktion von 69.352 Tonnen der neuntgrößte Produzent der Welt, und in der Agrarsaison 2019/2020 verzeichnete das Land eine Menge von 118.402 Tonnen Sesam (MADER). Die Nachfrage nach dem Produkt ist sehr hoch, und es hat auf dem nationalen und internationalen Markt günstige Preise erzielt (Cruz et al., 2010).

Tabelle 1: Einkommen aus dem Sesamanbau in Familienbetrieben im Bezirk Montepuez

Kampagnen	Erzielter Ertrag (Tonne/ha)
2018/2019	0.2
2019/2020	0.3
2020/2021	0.2
2021/2022	0.4
2022/2023	0.2

Quelle: SDAE-Montepuez

Der Ertrag der Sesamsorte Lindi kann im Regenfeldbau bis zu 800 kg pro Hektar erreichen, aber aufgrund von Schädlingsbefall werden diese Erträge möglicherweise nicht erreicht (Malta, Neto, Silva, Rocha, Castro, Reis und Akerman, 2016).

2.2. Schädlinge

Es handelt sich um Organismen, die die Produktion von Feldfrüchten verringern, indem sie diese befallen und Krankheitsüberträger sind, was die Produktivität und den Ertrag des Endprodukts drastisch reduziert, wenn sie nicht bekämpft werden, bevor sie der landwirtschaftlichen Produktion großen Schaden zufügen (Picanço, 2010).

2.2.1. Hauptschädlinge der Sesampflanze

Die wichtigsten Schädlinge der Sesampflanze sind: Die Haspel Raupe (*Antigastra cataunalis*), Blattlaus (*Aphissp*), Blattkäfer (*Alocypha bimaculata* Jacoby), grüner Blatthüpfer (*Empoascasp*) (saúvas (*Attaspp*), whitefly (*Bemisia argentifolii*).

2.2.2. Kurze Geschichte und Beschreibung des untersuchten Schädlings

Die Gattung der Jacobikäfer wurde erstmals 1926 von Maulik mit der Art Sphaerophy sapiceicollis Jacoby 1889n aus Birma beschrieben. Später schrieb Chen 1934 diesen beiden Gattungen zwei Taxa zu, Jacobianapiceicollis und Jacobyana nigrofasciota, später beschrieb Scher 1969 dieselbe Art, und kürzlich wurde Jacobyana 2001 in Panchther, Nepal, und schließlich in Indien gefunden (Biondie & D'Alessandro, 2011).

Die taxonomische Einordnung von *Alocypha bimaculata* Jacoby nach Sidumo, (2006, zit. in Mucavea, 2010): Reich: Animalia, Klasse: Insecta, Ordnung: Coleoptera, Familie: Chrysomelidae, Unterfamilie: Alticinae oder Heliticinae, Gattung: *Alocypha*, Art: *Alocypha bimaculata Jacoby*.

2.3.2 Blattkäfer

(*Alocypha bimaculata* Jacoby) gehört zur Familie der Schmetterlinge (Coleoptera), wobei die Chrysomelidae eine der größten Familien sind, zu der etwa
37.000 bis 40.000 Arten (Jolivet & Verma, 2002). Sie gelten als eine Gruppe von Pflanzenfressern, die weitgehend mit ihrer Wirtspflanze und deren abiotischen Eigenschaften verbunden sind (Linzmeier & Ribeiro-Costa, 2012).

Der **Blattkäfer** (*Alocypha bimaculata* Jacoby), gemeinhin als Flohkäfer bekannt, stammt ursprünglich aus Afrika und ist derzeit in Malawi, Südtansania und Mosambik weit verbreitet. Er gilt als einer der Schädlinge, die die Produktion am meisten einschränken, vor allem in der ersten Phase der Ernte, was zu Produktions- und Produktivitätsverlusten sowohl im großen als auch im erwachsenen Stadium führt (Palote, 2017).

2.11.3. Beschreibung

Nach Biondi & D'Alessandro (2006) wird der Blattkäfer (*Alocypha bimaculata* Jacoby) wie folgt beschrieben:

2.11.4. Holotypus

Der Sesamkäfer hat ein schwarzes, glänzendes oder metallisches Rückenschild, eine rötliche Flügelspitze und einen abgerundeten, stark konvexen Körper (LB = 2,48 mm). Maximale Pronotalbreite an der Basis (WP = 1,28 mm); maximale Breite der Flügeldecken im Basalviertel (WE = 1,71 mm).

2.11.5. Vorne und im Zentrum

Es hat eine deutlich grünliche, fein gepunktete Oberfläche, mit verschiedenen Septalpunktierungen, mit unterdreieckigen, bräunlichen, schlecht abgegrenzten Frontalhöckern, mit unscharfer Oberfläche; distal tiefe Frontalfurchen, besonders entlang des Augenrandes; Interantennalraum deutlich schmaler als die Länge des ersten Antennomers, medial mit zwei nicht gut abgegrenzten Setzporen; Frontalkarina nicht erhaben; Clypeus dreieckig mit großen sitzenden Perforationen, Lippe subrechteckig, distal bräunlich, Palpus gelblich, Auge subelliptisch, von normaler Größe, hat Antenne viel kürzer als die Körperlänge, völlig blass, aber mit Antennomeren von 5 - 11 leicht verdeckt, (rechte Antenne).

2.11.6. Bein

Sie sind vollständig rötlich-braun gefärbt, mit einem teilweise geschwärzten Oberschenkelknochen, einem leicht gebogenen hinteren Schienbein ohne gezahnten Außenrand und einem kurzen, rötlichen Endsporn des hinteren Schienbeins.

Erste vordere und mittlere Tarsomere sehr leicht vergrößert, mit Haftborsten auf der Ventralseite

2.11.7. Ventrale Oberfläche

Der ventrale Teil ist schwarz gefärbt, mit dichten und ziemlich gleichmäßig verteilten sitzenden Einstichen, die medial auf dem Prosternum, dem Metasternum und den letzten vier sichtbaren Abdominal-Sterniten spärlicher oder gar nicht vorhanden sind, wobei der letzte Abdominal-Sternit keine besonderen präapikalen Eindrücke aufweist.

Sowohl der erwachsene Käfer als auch seine Larven gelten als Pflanzenfresser und können sich von Stängeln, Blättern, Wurzeln und Blüten fast aller höheren Pflanzenfamilien ernähren, wie z. B. Solanaceae, Brassicaceae, Lamiaceae, Pedaliceae (Rech, 2018).

Die Eier sind blassgelb und die Larven sind weiß mit einem dunkelbraunen, kommaförmigen Kopf im letzten Stadium (Sidumo, 2006).

Olmi (2006) sagt, dass diese Käferart sowohl im Larvenstadium als auch im Erwachsenenstadium als Schädling auftritt und an der Pflanze Symptome zeigt wie: perforierte Blätter im ersten Stadium der Kultur, d. h. nach dem Auflaufen der Pflanze greift er an und verursacht Perforationen im Blatt, bis er die Pflanze tötet.

2.4 Die wichtigsten Krankheiten

Die *Sesampflanze* kann je nach Sorte, Boden- und Klimabedingungen und kulturellem Umfeld von verschiedenen Erregern (Bakterien, Pilze, Viren) befallen werden, die Krankheiten wie die Winkelfleckenkrankheit (*Cylindrosporium sesami*) verursachen, die den Blattteil befällt und eckige Läsionen verursacht. Zur Bekämpfung dieser Krankheit wird die Verwendung resistenter Sorten empfohlen (Embrapa, 2000).

2.4.1. Die Phorid-Fleckenkrankheit (*Cercospora sesami*) wird in der Regel durch einen Pilz verursacht, der Blätter und Früchte befällt und mehr oder weniger regelmäßige runde Flecken verursacht, wobei der Erreger durch den Samen übertragen wird. Der Pilz dringt in das Innere der Kapsel ein, erreicht den Samen und färbt ihn schwarz. Zur Bekämpfung des Pilzes wird die Verwendung von resistenten Sorten empfohlen (Arriel, et al., 2007).

Die Schwarze Stängelfäule (*Macrophomina phseolina*), eine durch einen sehr gefährlichen Pilz verursachte Krankheit, befällt vor allem den Stängel und die Zweige und verursacht hellbraune Läsionen, die dieselben Pflanzenteile umgeben und sogar die Endknospe der Pflanze erreichen können. Es können auch einige schwarze Flecken auftreten, aber die befallenen Pflanzen welken und trocknen sogar aus und sterben ab. Die Krankheit wird durch Wasser (Regen oder Bewässerung) verbreitet, das durch Bodenpartikel und infizierte Samen verunreinigt ist. Es wird empfohlen, durch Fruchtwechsel und die Verwendung von gesundem Saatgut zu behandeln, kulturelle Überreste zu beseitigen und das Saatgut zu behandeln (Arriel, et al., 2007).

2.4.2. Fusarium-Welke (*Fusarium oxysporium*): Auch diese Krankheit wird durch einen Pilz verursacht; das Symptom ist die Schlaffheit und das Welken der Pflanze, die dann austrocknet und abstirbt. Der Erreger, der diese Krankheit überträgt, überlebt in Form von Sporen im Boden, wo er saprophil auf Pflanzenresten lebt. Er wird durch kontaminierte Bodenpartikel und Wassertröpfchen (Regen) verbreitet, und zu seiner Bekämpfung empfehlen wir die Verwendung von gesundem Saatgut und resistenten Sorten (IIAM, 2020).

2.4.3. Bakterielle Welke (*Xanthomonas campestri pv. semami*) Zu Beginn der Krankheit erscheinen runde oder eckige dunkle Flecken auf den Blättern, Stängeln und Hülsen, die sich später rötlich-braun oder manchmal schwarz verfärben und sich zu einer großen nekrotischen Fläche zusammenschließen können. Diese Krankheit wird durch Regenwasser und Wind verbreitet, der Übertragungsfaktor ist das Saatgut, ein übermäßiger Stickstoffgehalt auf dem Feld begünstigt das Auftreten dieser Krankheit, für ihre Bekämpfung ist es äußerst wichtig, Pflanzenreste zu beseitigen, den Anbau zu wechseln und schließlich gesundes Saatgut zu verwenden (Arriel, et al., 2007).

2.4.4. Der Altenaria-Fleck (*Altenaria sesami*) ist ein unregelmäßiger, kreisförmiger, brauner Fleck auf Blättern und Stängeln, der sich verfestigen und zur Nekrose der betroffenen Stelle führen kann, wodurch die Pflanze entblättert wird und abstirbt. Hohe Temperaturen begünstigen das Auftreten dieser samenbürtigen Krankheit. Als Bekämpfungsmaßnahme werden Fruchtwechsel, die Beseitigung von Pflanzenstoppeln und die Verwendung resistenter Sorten empfohlen (Arriel, et al., 2007).

2.4.5. Phylogenie

Kennzeichnend für diese Anomalie ist die Verkürzung der zwischen zwei Knoten (Internodien) liegenden Teile des Pflanzenstamms sowie die verstärkte Vermehrung von Blüten und Zweigen im apikalen Bereich der Pflanze, was ihr ein besenartiges Aussehen verleiht. Die Umwandlung der Blütenorgane in Blätter macht die Pflanze steril. Diese Anomalie wird durch Jassideos-Insekten verursacht; die Pflanzen weisen einen Mangel auf, indem die Blattoberflächen gelbe Bereiche aufweisen, die mit grünen Bereichen durchsetzt sind. Um die Ausbreitung der Krankheit zu verhindern, wird empfohlen, die befallenen Pflanzen auszurotten und zu verbrennen (Arriel, et al., 2007).

2.2. Botanische Insektizide

Es gibt weltweit eine große Anzahl von Pflanzen, deren insektizide Wirkung untersucht wurde. Pflanzen aus den Familien Meliaceae, Rutaceae, Asteraceae, Annonaceae, Labiatae und Canellaceae gelten als die vielversprechendsten (Jacobson, 1990).

In Indien wurden bereits um 2.000 v. Chr. botanische Insektizide (aus Pflanzenextrakten) zur Schädlingsbekämpfung eingesetzt. In Ägypten zur Zeit der Pharaonen und in China um 1.200 v. Chr. (Morreira, Picanço, Silva,

Moreno, & Martins, 2007). In den letzten zwei Jahrzehnten, mit der Zunahme von Resistenzproblemen von Schädlingen gegen organosynthetische Pestizide und den Problemen, die sich aus dem wahllosen Einsatz chemischer Insektizide für natürliche Feinde, die Umwelt und den Menschen selbst ergeben, sowie mit der Entwicklung des ökologischen Landbaus, hat die Suche nach ökologischen Lebensmitteln weltweit erheblich zugenommen (Andrade & Nunes, 2001).

In diesem Sinne bezieht sich der Begriff botanische Insektizide (Naturprodukt), der auch als Alternative bezeichnet wird, auf Produkte, die aus nicht schädlichen Substanzen hergestellt werden, die aus Pflanzenextrakten gewonnen werden und die die menschliche Gesundheit nicht beeinträchtigen. Diese Produkte können sowohl von Menschen als auch von der Umwelt verwendet werden, was die Produktion gesünderer Lebensmittel für die Zielgruppe oder den Endverbraucher begünstigt (Iria, José, Gueds, Katell, & Sonia, 2020).

Die Verwendung pflanzlicher Insektizide zur Schädlingsbekämpfung ist eine Aufgabe für afrikanische Kleinerzeuger. Verschiedene Produkte oder Alternativen haben insektizide Eigenschaften, die gegen einige Schädlinge wirken, die in Afrika hauptsächlich Getreide befallen, wie z. B.: Tabak (*Nicotiana sp.*), Tephrosia (*Tephrosia vogelii*), Margosa (*Azadirachta indica*), Jatropha (*Jatropha curcas*), Knoblauch (*Allium sativum*), Eukalyptus (*Eucalyptusspp*),

Pyrethrine (*Chrysanthemciner arifalium*), Zitrone (*Citrus limon*), Rizinusöl (*Ricinus communis*) (Stevenson *et al.* 2017).

2.2.1. Wirkung von pflanzlichen Pestiziden auf Schädlinge

Botanische Derivate können unterschiedliche Wirkungen auf Schädlinge haben, wie z. B.: Abwehr, Hemmung der Eiablage und des Fressens, Veränderungen des Hormonsystems, die zu hormonellen Störungen in der Entwicklung,

Missbildungen, Unfruchtbarkeit und je nach Stadium zum Tod führen. Das Ausmaß der Wirkungen und die Wirkungsdauer hängen von der verwendeten Dosierung ab, so dass bei hohen Dosierungen der Tod eintritt, während die Wirkungen bei niedrigeren Dosierungen weniger intensiv und länger anhaltend sind. Die Verwendung subletaler Dosen führt zu einer langfristigen Verringerung der Populationen und erfordert geringere Mengen des Produkts. Bei tödlichen Dosen ist ihr Einsatz aufgrund der erforderlichen Menge oft nicht möglich (Roel, 2001).

Auch nach Roel (2001) erhöht sich die Effizienz des Einsatzes pflanzlicher Pestizide, wenn das Produkt auf kleinere Populationen mit Individuen am Anfang ihrer Entwicklung angewendet wird. Je nach Pflanzenart und Anwendungsform können pflanzliche Pestizide in reiner Form, als Pulver oder als Extrakt (in wässrigen Lösungen) sowie in anderen spezifischen Formen verwendet werden, die die Überwachung und Anwendung erleichtern.

Für Cloyd (2004) sind die wichtigsten Vor- und Nachteile der Verwendung pflanzlicher Insektizide folgende:

Sie bauen sich schnell ab, insbesondere unter Bedingungen mit viel Licht, Feuchtigkeit, Luft und Regen. Sie haben eine geringe Persistenz im Boden und in der Umwelt, was ihre Auswirkungen auf Nützlinge, natürliche Feinde, Menschen und die Umwelt selbst verringert.

Sie sind schnell wirksam und bewirken, dass das Insekt sofort nach der Anwendung stirbt oder sogar seine Nahrungsaufnahme reduziert.

Sie enthalten eine geringe Toxizität für Säugetiere, und einige sind bei der empfohlenen Dosis nicht giftig für Menschen, die Umwelt und Säugetiere.

Sie sind selektiv, weniger schädlich für Nützlinge, vor allem wegen ihrer geringen Restwirkung.

Sie sind preiswert zu erwerben, und die meisten von ihnen können in unseren Hinterhöfen gekauft werden, bis sie sich vermehren.

Die Verwendung von Pflanzenextrakten führt zu einer geringeren Resistenz bei der Entwicklung von Schädlingen, da sie Wirkstoffe enthalten, die die Nahrungsaufnahme und die Eiablage, das Wachstum, morphologische Veränderungen, Veränderungen im Hormonsystem und im Verhalten des Insekts hemmen können (Galloet al., 2002).

2.2.1. Nachteile von pflanzlichen Insektiziden

Die oben genannten Autoren weisen auch auf die Nachteile pflanzlicher Insektizide hin:

Es baut sich schnell ab und erfordert viele Anwendungen, um positive Ergebnisse bei der Schädlingsbekämpfung zu erzielen;

- Viele der Insektizide sind nicht im Handel erhältlich und manchmal teurer als anorganische Insektizide (Verfügbarkeit und Kosten).
- Natürliche Insektizide haben sich manchmal als weniger wirksam erwiesen als synthetische;
- Die Ergebnisse sind nicht immer sofort sichtbar;

Bioaktive Verbindungen können je nach Pflanzenart und -sorte, klimatischen Faktoren wie Licht, Temperatur, relative Luftfeuchtigkeit, Niederschlag und Pflanzenphänologie unterschiedlich wirken (Shalaby et al., 1988; Russo et al., 1998; Andrade & Casali, 1999; Carvalho et al., 1999).

2.4.6. Beschreibung der in der Studie verwendeten Arten

2.4.6.1. Rizinus oder Rizinusbohne (*Ricinus communis* L.)

Nach der taxonomischen Klassifizierung gehört die Rizinuspflanze zur

Unterabteilung: Spermatophyta; Stamm: Angiospermae; Klasse: Zweikeimblättrige Pflanzen; Unterklasse: Archichlamydeae; Ordnung: Geraniales; Familie: Euphorbiaceae; Gattung: *Ricinus*; Art: *Ricinus communis* (Milani, Junior, & Sousa, 2009).

Ricinus communis L. ist eine Ölsaat, eine niedrig wachsende Staude und eine Pflanze mit insektizider Wirkung, die häufig als pflanzliches Insektizid verwendet wird und ursprünglich aus Afrika stammt (Milani, Junior, & Sousa, 2009). Aufgrund ihrer leichten Anpassungsfähigkeit wird sie derzeit weltweit angebaut, insbesondere in tropischen Klimazonen (Polito et al., 2019). Die weltweit größten Produzenten in Tonnen sind: Indien, Beni, Irak, Marokko, Togo, Mosambik, Kap Verde, China und Brasilien, wobei über 90 % der Exporte auf Indien entfallen (FAO, 2020).

Die Blätter der Rizinuspflanze enthalten eine geringe Konzentration an Toxin (Ricin) und können bei Verzehr neuro-muskuläre Probleme verursachen. Im Allgemeinen treten die Vergiftungserscheinungen bei Tieren erst nach einigen Stunden oder Tagen auf, im Gegensatz zu den Samen, die einen Ricin-Metaboliten enthalten, eine sehr giftige Substanz, die für Tiere und Menschen gefährlich ist (Peron & Ferreira, 2012).

Die Pflanzen dieser Arten unterscheiden sich stark in ihren Eigenschaften, von der Blattfarbe, dem Wachstum, dem Ölgehalt in den Samen, den Stängeln, den stacheligen und glatten Früchten (Milani, Junior, & Sousa, 2009).

2.2.1.1. Margosa (*Azadirachta indica*)

Taxonomische Einordnung von Margosa oder Neem Nach (Pio-correia, 1984) Ordnung: Rutales; Unterordnung: Rutinea; Familie: Meliaceae; Unterfamilie: Melioideae; Stamm: Melieae; Gattung: *Azadirachta*; Art: *Azadirachta indica*.

Margosa oder Neem ist eine Pflanzenart mit insektizider Wirkung zur Bekämpfung verschiedener Schädlingsarten wie Wollläuse, Blattläuse, Käfer und Heuschrecken. Sie stammt ursprünglich aus Indien und hat sich auf anderen Kontinenten verbreitet (Viana, 2010).

Der Hauptinhaltsstoff von Margosa ist Azadirachtin, das für die Blattanwendung bei verschiedenen Kulturpflanzen wie Mais, Salat, Kaffee, Zitrusfrüchten, Papaya, Melone, Erdbeeren, Paprika, Tomaten und Kohl zugelassen ist und aus verschiedenen Teilen der Pflanze gewonnen wird (Menezes, 2005). Azadirachtin ist eine für Insekten sehr giftige Substanz, die durch ihre abstoßende Wirkung Insektenfraß und -wachstum hemmt (Mordue & Blackell, 1993). Die Hauptquellen von Azadirachtin sind Früchte, Blätter und Rinde (Neves, et al., 2008).

2.2.1.2. Tabak (*Nicotina sp*)

Taxonomische Einordnung nach (Reigart & Roberts, 1999). Phylum: Magnoliophyta; Klasse: Magnoliopsia; Ordnung: Solanales; Familie: Nachtschattengewächse; Gattung: *Nicotina;* Art: *Nicotina tabacum sp.*

Nikotin oder Tabak ist eine Pflanze mit insektizider Wirkung, die durch Einnahme und vor allem durch Kontakt entsteht. Es wurde erstmals 1690 in Frankreich in Form eines Waschmittels als Insektizid verwendet (Menezes, 2005). Es gibt mehr als 15 Arten der Gattung Nikotin.

In den Blättern finden wir Alkaloide, die im unteren Bereich der Spitze wachsen, und der Nikotingehalt wächst von der Basis bis zur Spitze der Hauptader in Richtung der Ränder, die als giftig für Säugetiere gelten, oral oder sogar auf der Haut, wo es leicht absorbiert wird, Nikotin ist schnell wirkend, aber am aktivsten, wenn es in den heißesten Stunden des Tages angewendet wird, wobei es in 24 Stunden vollständig abgebaut wird und keine giftigen Rückstände hinterlässt. Für Pflanzen ist es nicht sehr giftig (Marconi, 1988).

Nikotin wird als pflanzliches Schädlingsbekämpfungsmittel zur Bekämpfung von saugenden Arthropoden wie Blattläusen, Weißen Fliegen, Blatthüpfern,

Thripsen und Milben vor allem in Gewächshäusern und Getreidekulturen eingesetzt, wobei eine Kontakt- und Begasungswirkung besteht (Reigart & Roberts, 1999 zitiert nach Cox, 2002).

Bei Insekten wirkt es sehr schnell auf das Nervensystem und konkurriert mit Acetylcholin, indem es sich an Acetylcholinrezeptoren in Axonsynapsen bindet (Reigart & Roberts, 1999).

Nikotin spp ist ein sehr schnell wirkendes Toxin, das auf das Nervensystem von Insekten einwirkt und auch Kontakt- und Begasungseffekte hat (Menezes, 2005). Demselben Autor zufolge gilt Tabak als das giftigste pflanzliche Insektizid, das zur Bekämpfung verschiedener Schädlinge wie Blattläuse, Bettwanzen, Kuhfladen, Wollläuse und Grillen auf Getreide und Obstpflanzen eingesetzt wird.

2.2.1.1 Eukalyptus (*Eucaliptus sp*)

Eukalyptus gehört zur Abteilung der Bedecktsamer, Klasse der Zweikeimblättrigen, Ordnung der Myrtengewächse, Familie der Mytaceae, Gattung Eucaliptus, Art Eucaliptus sp. (Grattapagilia & Kirst, 2002). Die Eukalyptuspflanze ist australischen und indonesischen Ursprungs und hat sich aufgrund ihrer Nützlichkeit für die Herstellung von Holz und Nichtholzderivaten zu einer der am meisten produzierten Waldgattungen weltweit entwickelt (Grattapagilia & Kirst, 2008).

Es gibt weltweit mehr als 900 anerkannte Arten (Boland et al., 2006), Bäume, die im Durchschnitt 30 bis 50 Meter hoch werden und von Art zu Art variieren (Brooker & Kleining, 2004).

Guerra (1985) stellt fest, dass Eukalyptus zum Schutz von Getreide gegen Getreideschädlinge im Allgemeinen verwendet werden kann und eine insektizide Wirkung gegen *Triboliumcastaneum* (Herbst) Käfer, Coleoptera: Tenebrionidae, hat. Der im Eukalyptus enthaltene Wirkstoff wird Citronellal oder Eucalyptol genannt.

KAPITEL III: METHODIK

Es handelt sich um eine erklärende Studie, da sie darauf abzielt, eine Beziehung zwischen Ursache und Wirkung herzustellen, indem sie die Variablen, die sich auf den Untersuchungsgegenstand beziehen, auf einfache Weise manipuliert und versucht, die Ursachen des Phänomens herauszufinden (Lakatos & Marconi, 2001). Sie ist quantitativer Natur, da sie sich durch die Verwendung von Quantifizierung auszeichnet, sowohl in der Art und Weise, wie Informationen gesammelt werden, als auch in der Art und Weise, wie sie mit Hilfe statistischer Techniken verarbeitet werden (Richardson, 1998).

Das Verfahren ist experimentell, d.h. es besteht darin, einen Untersuchungsgegenstand zu bestimmen, die Variablen auszuwählen, die ihn beeinflussen können, und die Regeln für die Kontrolle und Beobachtung der Auswirkungen der Variablen auf den Gegenstand festzulegen (Gill, 1999). In diesem Sinne wurde die Studie mit verschiedenen Biopestiziden auf der Basis von Pflanzen durchgeführt, wie z.B.: Tabak, Rizinus, Eukalyptus und Margosa, in denen wir verstehen wollen, die Effizienz, die sie auf die Schädlinge durch Blattkäfer (*Alocypha bimaculata Jacoby*) bestimmt haben kann, und um dieses Ergebnis zu erreichen wurde ein Experiment mit dem Ziel der Bewertung der Ursache und Wirkung Beziehung machen die Ernte und die Behandlung nach dem gewünschten Ergebnis festgestellt werden, auf der Grundlage von Messungen und statistische Auswertungen gemacht werden, um die oben genannten Hypothesen zu beantworten.

In der Studie wurden pflanzliche Insektizide in wässriger Form zur Bekämpfung des Blattkäfers (*Alocypha bimaculata* Jacoby) in der Sesampflanze eingesetzt. Um die oben genannten Variablen zu erreichen, wurde beschlossen, den Herbivorie-Index zu schätzen, da kein Millimeterpapier zur Verfügung stand, und das Schätzverfahren wurde für alle Behandlungen durch die Anwendung pflanzlicher Insektizide verwendet.

Da in dieser Studie die Verwendung von pflanzlichen Insektiziden untersucht wurde, wurde im Fall von Rizinusöl ein Sirup aus den Blättern der Pflanze hergestellt, die zur Herstellung des Sirups zerkleinert wurden. Nach dem Zerkleinern wurden 250 g für 1 Liter Wasser verwendet, das restliche Produkt wurde zusammen mit Wasser in einem Behälter 24 Stunden lang in einer völlig geschlossenen Umgebung aufbewahrt, so dass sich der in den Blättern enthaltene Wirkstoff mit dem Wasser vermischte und anschließend gefiltert wurde.

Im Falle von Nikotin wurden zunächst 3 trockene Blätter entblättert, dann in einen Behälter gelegt und 24 Stunden lang in 1 Liter heißem Wasser eingeweicht, um die Wirkstoffe mit dem Wasser zu vermischen. Anschließend wurden die Blätter gefiltert und 5 Liter Wasser hinzugefügt, um eine Fläche von 15 m² mit befallenen Pflanzen zu besprühen.

Für den Eukalyptus wurden frische Blätter verwendet, die mit einem Stößel und Mörser zerkleinert wurden. 250 g wurden für 1 Liter Wasser verwendet, dann wurden sie in einen Plastikbehälter (Eimer) gegeben und 24 Stunden lang gelagert, danach wurden sie mit einem sauberen Moskitonetz gefiltert, so dass eine Lösung entstand, die im Feld verwendet werden konnte.

Bei der Margosa wurden die Blätter zerkleinert, eine Mischung von 250 g Extrakt auf 1 Liter Wasser hergestellt und 24 Stunden lang unter Luftabschluss aufbewahrt, damit die Mischung entsprechend den in den Blättern enthaltenen Wirkstoffen entsteht.

3. Materialien und Methoden

3.1. Abgrenzung des Themas

➢ **Räumlich:** Die Untersuchung wurde in der Provinz Cabo Delgado, Bezirk Montepuez, im landwirtschaftlichen Forschungszentrum Mapupulo

(CIAM) durchgeführt.

➤ **Zeitrahmen**: Die Untersuchung fand während der Kampagne 2023-2024 statt.

Der Versuch wurde im landwirtschaftlichen Forschungszentrum Mapupulo (CIAM) im Bezirk Montepuez im südlichen Teil der Provinz Cabo-Delgado durchgeführt, das zum mosambikanischen Agrarforschungsinstitut (IIAM) Zonalzentrum Nordost (Cznd) gehört, und zwar während der Agrarsaison 2020/2023 von Februar bis Juni.

3.2. Geografische Lage des Studienortes

Der Bezirk Montepuez liegt im Süden der Provinz Cabo Delgado, 210 Kilometer von der Stadt Pemba entfernt und grenzt im Süden an die Bezirke Chiúre und Namuno, im Norden an den Bezirk Mueda, im Westen an die Bezirke Balama und Mecula (Provinz Niassa) und im Osten an die Bezirke Meluco und Ancuabe (MAE, 2005).

3.3. Edaphoklimatische Bedingungen im Bezirk Montepuez

3.3.1 Klima und Relief

Nach Angaben des Ministeriums für Staatsverwaltung (2005) ist der Bezirk Montepuez eine Region, in der halbtrockenes und trockenes subhumides Klima herrscht. Die jährliche Niederschlagsmenge liegt zwischen 800 und 1200 mm, während die potenzielle Referenz-Evapotranspiration (ETo) zwischen 1300 und 1500 mm liegt. Die durchschnittliche jährliche Niederschlagsmenge kann 1500 mm übersteigen (in Küstennähe), so dass es sich um ein subhumides Regenklima handelt. Was die durchschnittliche Jahrestemperatur während der Vegetationsperiode angeht, so gibt es Regionen, in denen die Temperaturen 25°C übersteigen, obwohl die durchschnittliche Jahrestemperatur im Allgemeinen zwischen 20 und 25°C schwankt.

Ein beträchtlicher Teil des Landesinneren liegt auf einer Höhe zwischen 200 und 500 Metern, mit einem hügeligen Gelände, das manchmal von den Felsformationen des Inselbengs unterbrochen wird. Das Gebiet wird von mehreren wichtigen Flüssen durchquert, die aufgrund ihres zerklüfteten Verlaufs nicht schiffbar sind, aber zu landwirtschaftlichen Aktivitäten und handwerklicher Fischerei beitragen (Mãe, 2005).

Abbildung 1: Während des Testlaufs aufgezeichneter Niederschlag

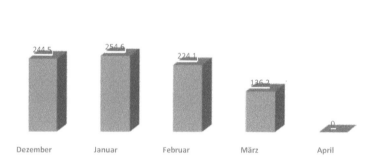

Niederschlagsdiagramm für den Bezirk Montepuez-SDAE-Montepuez (2023)

3.4. Angelegenheiten

In dieser Studie wurden Sesamsamen der Sorte Lindi, die beim Bauern gekauft wurden, mit einem Reinheitsgrad von mindestens 99 % und einer Keimfähigkeit von 80 %5 sowie vier pflanzliche Insektizide zur Bekämpfung des Sesamblattkäfers (*Alocypha bimaculada* Jacoby) auf der Grundlage von Rizinusblättern, Margosa, Eukalyptus und Tabak verwendet.

Für die Zubereitung der pflanzlichen Insektizide wurden für Rizinus, Margosa und Eukalyptus in einem Mörser zerstoßene Extrakte aus frischen Blättern (1.250 g) verwendet. Sie wurden dann in einen Plastikbehälter (Eimer) mit fünf Litern Wasser gegeben, wobei 250 g einem Liter Wasser für jedes der oben genannten pflanzlichen Insektizide entsprechen. Das Wasser wurde einen Tag lang (24 Stunden) stehen gelassen und dann durch ein sauberes Baumwolltuch gefiltert, um eine Lösung zu erhalten, die für den Einsatz im Feld bereit war.

Tabelle 2. Untersuchte Behandlungsbedingungen

Behandlungscode	Allgemeiner Name	Wissenschaftlicher Name
T1	Kontrolle	*Kontrolle*
T2	Rizinusöl	*Ricinus communis L.*
T3	Eukalyptus	*Eukalyptus sp*
T4	Margosa	*Azadirachta indica L.*
T5	Tabak	*Nikotin sp*

Quelle: Autoren

3.5. Methoden

3.5.1 Versuchsaufbau

Diese Studie wurde unter Verwendung eines Schemas namens Causalised Complete Block Design (DBCD) mit einem monofaktoriellen Schema durchgeführt. Diese Art von Versuchsplan wird im Allgemeinen verwendet, wenn der Ort, an dem der Versuch durchgeführt wird, nicht immer homogen ist (Rossti *et all.*, 2017). Sie wurde **auf dem** Gelände des CIAM Centro de Investigação Agraria de Mapupulo, Cabo Delgado im Bezirk Montepuez, in einer angeordneten

- Die Größe der Parzellen entspricht einer Fläche von 3m2 (1,50mx2m), die Gesamtfläche betrug L=9m und C=15m, was 135m² entspricht, Der Abstand zwischen den Blöcken betrug 1 m, um den Fehler zu minimieren, wurde ein Kompass von 0,60x0,10 verwendet. Ich erhielt insgesamt 3 Reihen pro Parzelle, 13 Pflanzen pro Reihe und insgesamt 78 Pflanzen pro Parzelle, zwei pro Gruppe mit einem 15 cm breiten Rand in jeder Reihe und 5 cm pro Pflanze.

3.5.2. Einrichten des Tests

Der Versuch wurde in der Landwirtschaftssaison 2023-2024 unter den Bedingungen des landwirtschaftlichen Forschungszentrums Mapupulo im Bezirk Montepuez durchgeführt und dauerte vier Monate. Während des Versuchs wurden jedoch die folgenden Aktivitäten durchgeführt:

3.5.3. Vorbereitung des Bodens

Der Boden wurde am 30. Januar vorbereitet, indem er gesäubert und von Hand bis zu einer Tiefe von 15 cm gepflügt wurde. Am folgenden Tag wurde das Gras entfernt und einige der Stämme, die sich auf dem Feld befanden, beseitigt, und schließlich wurde der Boden mit einer Hacke geeggt, um ihn locker und aufnahmefähig für die Samen zu machen.

2.5.4. Abgrenzung und Aussaat

Der Anbauversuch wurde am 1. Februar mit Hilfe von Seilen, einem 100-Meter-Maßband, 30-Zoll-Pfähle und Lindi-Samen abgegrenzt und ausgesät. Der verwendete Kompass war 60 x 15 cm groß und pro Parzelle wurden (3) Reihen mit 13 Pflanzen in jeder Reihe gebildet, insgesamt 133 Pflanzen pro Parzelle.

2.5.5. Ausdünnung

Diese Maßnahme wurde in der dritten Februarwoche nach der Aussaat durchgeführt, nachdem die Pflanzen eine Höhe von 15 cm erreicht hatten. Sie bestand darin, die Pflanzen zu reduzieren, um zwei pro Pflanze zu erhalten, und wurde manuell durchgeführt, wobei die Pflanzen ausgewählt wurden, die eine geringe Wuchsstärke aufwiesen.

2.5.6. Phytosanitäre Kontrolle

Zur Bekämpfung wurden im Februar, März und April sechs Spritzungen durchgeführt. Die erste war am 10. Februar, die zweite am 21., die dritte am 3.

März, die vierte am 13. und die fünfte am 5. März. 23 und die sechste am 3. April. Je nach Behandlung wurden zwei 2-Liter-Sprühgeräte und ein 20-Liter-Rückensprühgerät verwendet. Anschließend wurde das Material gewaschen und desinfiziert, um keine Rückstände zu hinterlassen oder Fehler zu verursachen.

Tabelle 3: Verwendete pflanzliche Insektizide

Behandlungs	Namen von Insektiziden Botanische Produkte	Dosis/ha	Verdünnung
T1	Kontrolle	-	-
T2	Rizinusöl	250g/ha	1 Liter Wasser
T3	Eukalyptus	250g/ha	1 Liter Wasser
T4	Margosa	250g/ha	1 Liter Wasser
T5	Tabak	3 getrocknete Blätter auf 1 Liter Warmwasser	5 Liter Wasser

Quelle: Autoren

2.5.4. Sacha

Im Februar, März und April wurden vier Unkrautbekämpfungsmaßnahmen durchgeführt. Die erste Jätung fand am 25. Februar statt, die zweite am 7. März, die dritte am 20. März und die letzte am 9. April. Ziel war es, das Feld sauber und frei von Unkraut zu halten, das irgendwann um Nährstoffe konkurriert und die Entwicklung der Sesampflanze verlangsamen kann und zu anderen Zeiten zu Überträgern für Schädlinge wird.

2.5.5. Ernten

Die Ernte erfolgte nach Erreichen des Erntezeitpunkts, d h. der physiologischen

Reife des Korns, die eintritt, wenn die Schoten eine gelbe Farbe aufweisen. Die Pflanzen wurden dann geschnitten und zu Bündeln geschnürt, woraufhin sie einem Trocknungsprozess unter freiem Himmel mit Sonneneinstrahlung unterzogen wurden, um den Trocknungsprozess der Schoten 25 Tage lang fortzusetzen. Nach dem Trocknen wurden die Körner gedroschen, gesiebt und gewogen.

2.5.7. Datenerhebung

Die während des Versuchs erhobenen Daten umfassten: Herbivorie-Index, Schotengewicht, Anzahl der Schoten pro Pflanze, Anzahl der lebenden und toten Schädlinge, Ertrag pro Parzelle (kg/ha).

2.5.8. Herbivorie-Index

Für jede Behandlung wurden 10 Pflanzen auf einer Fläche von 3 m² geerntet und 20 Blätter von jeder Pflanze ausgewählt, insgesamt 200 Proben.
Der Prozentsatz der Herbivorie wurde an 200 Blättern geschätzt, und die gesammelten Blätter wurden mit bloßem Auge quantifiziert. Dirzo und Dominguez (1995), wo die verzehrte Blattfläche in folgende Kategorien eingeteilt wurde: 0-5%, 6-25%, 26-50%, 51-75%, 76-95% und 100%, d.h. die verzehrte Blattfläche reicht von 0 bis 100% Verlust (Dirzo & Dominguez, 1995). Auf der Grundlage dieser Klassenverteilungen und der Quantifizierung der beschädigten Blätter wurde die folgende Schätzung der Blattschäden verwendet:

Herbivorie-Index:

IH $\sum(nixi)/N$ =
Dabei gilt: ni= Anzahl der Blätter pro Kategorie i= Kategorie pro Pflanzenfresser N= Anzahl der Blätter für jede Probefläche

Um die Herbivorie-Indizes zwischen den verschiedenen Behandlungen zu vergleichen, wurde eine ANOVA-Varianzanalyse durchgeführt, gefolgt von einem Tukey-Test mit einer Fehlerwahrscheinlichkeit von 5 % unter Verwendung des Pakets Statistix10.0 (Dirzo & Dominguez, 1995).

2.5.10. Gewicht der Kapseln

Zu diesem Zweck wurden die Kapseln jeder Pflanze entsprechend der Anzahl der während des Tests ausgewählten Proben ausgewählt und mit einer tragbaren Präzisionswaage, die vom landwirtschaftlichen Forschungszentrum Mapupulo (CIAM) erworben wurde, gewogen.

2.5.11. Anzahl der Kapseln

Für diesen Parameter wurden die Pflanzen zunächst nach dem Zufallsprinzip ausgewählt, dann wurden die Schoten an jeder Pflanze gezählt und die Gesamtzahl der Schoten pro Pflanze ermittelt.

2.5.12. Anzahl der lebenden und toten Schädlinge

Um diese Variablen zu bestimmen, wurde beschlossen, die Schädlinge während der Anwendung der pflanzlichen Insektizide zu beobachten und zu zählen, d. h. vor der Anwendung wurde die Gesamtzahl der lebenden Schädlinge gezählt, und nach der Anwendung der Pestizide wurden die toten Schädlinge gezählt, um die Wirkung der einzelnen pflanzlichen Insektizide auf den untersuchten Schädling und die verschiedenen Schädlinge, die die Sesampflanze während der Produktion plagen, zu beobachten.

2.6. Einkommen

Beim Wiegen des Sesams wurde der Ertrag pro Parzelle mit Hilfe einer Präzisionswaage bestimmt. Der Ertrag wurde nach folgender Formel ermittelt. Einkommensformel

Ertrag (kg/ha) = PKorngewicht$x$ 10000 ▢2/Nutzfläche

2.7. Analyse und Verarbeitung von Daten

Zur Analyse der Daten für die Parameter in dieser Studie wurde das statistische Instrument *ANOVA* bei einer Signifikanz von 5 % verwendet, um die Unterschiede zwischen den pflanzlichen Insektiziden zu ermitteln. Das Statistix 10.0-Paket wurde verwendet, um auf signifikante Unterschiede zu prüfen, und der *Tukey-Test* wurde verwendet, um die Mittelwerte bei einer Signifikanz von 5 % zu vergleichen.

Die Bewertung der Präzision der Variation in den Ergebnissen, die für die Parameter unter Studie wurde auf der Grundlage der Variationskoeffizient, in dem, wenn die CV ist weniger als 10% ist es als niedrig in Bezug auf die Klassifizierung und hohe Präzision, aber wenn der Test zeigt 10-20% ist es niedriger nach der Klassifizierung und mittel in Bezug auf die Präzision, und wenn der Test zeigt 20-30% ist es als hoch in Bezug auf die Klassifizierung von CVs und niedrig in Bezug auf die Präzision (Garcia, 1989).

Tabelle 4: Klassifizierung des Variationskoeffizienten

CV-Werte	Klassifizierung	Präzision
0-10%	Niedrig	Hoch
10-20%	Kleinere	Medien
20-30%	Hoch	Niedrig
30%	Sehr hoch	Sehr niedrig

Quelle: Garcia (1989).

2.8. Zwänge

Während der Studie wurden die folgenden Einschränkungen festgestellt:

➢ Starke Regenfälle in den ersten Tagen nach der Aussaat führten dazu, dass die meisten Samen ausgelaugt wurden und an ungeeigneten Stellen keimten, was zum Verlust einiger Samen führte, und ebenso wurden die pflanzlichen Insektizide nach der Anwendung abgewaschen, was die Pflanzen anfällig für Schädlinge und Pilzkrankheiten machte.

➢ Die Verknappung einiger pflanzlicher Insektizide, wie Margosa, hat dazu geführt, dass die Menschen auf der Suche nach ihnen von einem Ort zum anderen reisen.

KAPITEL IV: ANALYSE UND DISKUSSION DER ERGEBNISSE

4. ENTOMOLOGISCHE ERGEBNISSE

4.1 Herbivorie-Index

Abbildung 2: Herbivorie-Index des Schädlings *Alocypha bimaculata* Jacoby vor und nach den Behandlungen

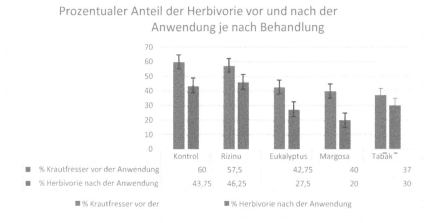

Auf der Grundlage der Daten, die über die Herbivorie-Rate auf dem Feld durch die Anwendung pflanzlicher Pestizide gesammelt wurden, gab es einen signifikanten Unterschied in der Herbivorie-Rate zwischen den verschiedenen Behandlungen.

Das Diagramm zum Herbivorie-Index zeigt, dass Margosa mit 50 % die höchsten durchschnittlichen Herbivorie-Raten aufwies, gefolgt von den Kontrollpflanzen mit durchschnittlich 60 %. Dies könnte durch das Klima in der Region beeinflusst sein, wo sie mehr in das Wachstum und weniger in die Verteidigung gegen Herbivorie investieren, was zu größeren Angriffen durch Herbivoren führt (Coley & Barone, 1996).

In Bezug auf das Klima führte Turratti (2010) eine ähnliche Studie in einem Wald durch und kam zu denselben Ergebnissen. Dieser Anstieg der Herbivorie-Index-Raten im Winter könnte mit niedrigen Temperaturen und einer

Verringerung der Tageslichtstunden zusammenhängen, wodurch die Aktivität der herbivoren Insekten zunimmt (Mari & Galassi, 2010). Dermacon et al. (2004) zufolge ist die Herbivorie-Rate in Umgebungen mit größerer Lichtverfügbarkeit geringer, was zeigt, dass die Herbivorie-Rate direkt mit dem Einfall von Sonnenlicht zusammenhängt.

Aus den durchgeführten Analysen geht jedoch hervor, dass ein signifikanter Unterschied besteht in Bezug auf
Konzentration der wässrigen Extrakte auf den prozentualen Anteil der Herbivorie durch den Blattkäfer (*Alocypha bimaculata* Jacoby), der im Tukey-Test bei einer Irrtumswahrscheinlichkeit von 5 % sowohl für den Rizinus-, Margosa-, Eukalyptus- als auch für den Tabakextrakt nachgewiesen wurde.

Aus allgemeiner Sicht der pflanzlichen Insektizide war der prozentuale Anteil der Herbivorie in Abhängigkeit von den Behandlungen unterschiedlich, wie die Grafik anhand der Unterschiede zeigt: Tabak verlor 7 % des Verbrauchs, gefolgt von Rizinusöl mit 11 %, Eukalyptus mit 15 %, die Kontrolle mit 16 % und schließlich Margosa mit 20 %. Dies zeigt, dass Tabak in Bezug auf die Wirksamkeit der pflanzlichen Insektizide besser abschnitt als die anderen Behandlungen.

Schaubild 3: Anzahl der lebenden und toten Schädlinge je nach Behandlung

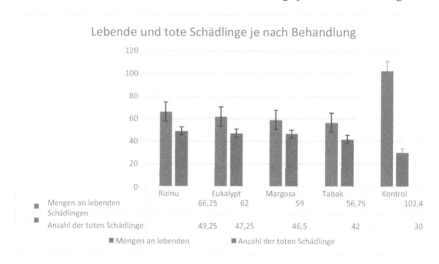

Aus der grafischen Darstellung der Zahl der lebenden und toten Schädlinge bei der Anwendung der pflanzlichen Insektizide geht hervor, dass Rizinusöl die höchste durchschnittliche Sterblichkeitsrate aufwies, während die Kontrolle die niedrigste durchschnittliche Sterblichkeitsrate hatte. Eine ähnliche Studie wurde von Jacomini et al. (2016) durchgeführt, in der der Käfer empfindlich auf die insektizide Wirkung von Rizinusöl reagierte und eine Mortalitätsrate von über 30 % erreichte.

Laut Koppad & Shivanna (2010) ist Nikotin die Hauptverbindung im Extrakt, die die Befruchtung und das Verhalten von Insekten beeinträchtigen und toxische Wirkungen bei Insekten hervorrufen kann. Nikotin kann durch Bindung an Rezeptoren auf das zentrale Nervensystem der Schädlinge wirken (Sparks & Nauen, 2015).

Für Margosa wurde eine durchschnittliche Sterblichkeit von 46,5 % erzielt, da der Wirkstoff in Margosa *Azadirachtin* ist, das auch bei der Bekämpfung anderer Schädlingsarten wirksam ist. Diese Ergebnisse wurden von Golo et al. (2013) erzielt, als sie feststellten, dass Neem oder Margosa bei der Bekämpfung von *Alocypha bimaculata* Jacoby nicht besser reagierten.

Der Eukalyptus-Extrakt zeigte eine durchschnittliche Sterblichkeitsrate von 49 % für den untersuchten Schädling, wie auch für die anderen Schädlinge; dieses Ergebnis steht im Zusammenhang mit der von Marconi et al. (2009) verwendeten Extraktionsmethode. Auf der Grundlage der Verwendung verschiedener wässriger botanischer Insektizide zur Bekämpfung von *Alocypha bimaculata* Jacoby. Sie stellten fest, dass Rizinusöl keine Wirkung auf den untersuchten Schädling hatte.

Auf der Grundlage der durchgeführten Analysen ist jedoch festzustellen, dass ein signifikanter Unterschied in der Konzentration der wässrigen Extrakte in Bezug auf die prozentuale Sterblichkeit des Blattkäfers (*Alocypha bimaculata* Jacoby) besteht, was im Tukey-Test bei einer Irrtumswahrscheinlichkeit von 5 % für die Extrakte aus Rizinus, Margosa, Eukalyptus und Tabak bestätigt wurde, die sich als wirksamer bei der Bekämpfung des Blattkäfers erwiesen.

Zu ähnlichen Ergebnissen kamen Marques et al. (2013), die verschiedene Konzentrationen von Tabakextrakten testeten und eine signifikante Auswirkung auf die Mortalitätsrate von über 7 % feststellten. Allerdings erwies sich der Tabakextrakt, unabhängig von der Konzentration, als wirksamer bei der Abtötung der Schädlinge im Vergleich zu den anderen untersuchten Extrakten und Konzentrationen. Dies hängt mit dem im Tabak enthaltenen Wirkstoff (Nikotin) zusammen, einem Alkaloid, das aus verschiedenen Pflanzen, insbesondere *Nicotina tabacum sp*. Es handelt sich um ein Toxin, das auf das Nervensystem von Schädlingen wirkt und sehr schnell wirkt (Menezes, 2005), so derselbe Autor. Es gilt als eines der giftigsten pflanzlichen Insektizide und wird zur Bekämpfung von Blattläusen, Käfern, Heuschrecken, Kuhschellen, Wollläusen und sogar Grillen an Obstpflanzen eingesetzt.

Agronomische Ergebnisse.

Tabelle 5: Vergleich der Mittelwerte nach der Anzahl der Kapseln pro Pflanze

Behandlungen	Medien
Tabak *(Nicotina tabacum sp)*	39.000 A
Margosa *(Azariactina indica)*	33.000 A
Eukalyptus *(Eucaliptus sp)*	32.500 A
Rizinus *(Ricinuscomunis L)*	22.750 AB
Kontrolle	13.000 B
CV(%)	7.34
Allgemeine Medien	55.850
Wahrscheinlichkeit	0.0135

Durchschnittswerte mit gleichen Buchstaben unterscheiden sich laut Tukey-Test mit einer Wahrscheinlichkeit von 5 % nicht signifikant voneinander.

In Bezug auf die Auswirkungen der Anwendung von pflanzlichen Insektiziden auf die Parameter, die mit dem Tukey-Test auf dem 5 %-Niveau analysiert wurden, zeigte sich ein signifikanter Unterschied.

In Bezug auf die Anzahl der Kapseln pro Pflanze lag der niedrigste Durchschnittswert bei 13.000, der bei der Kontrolle (ohne Anwendung) erzielt wurde, während der höchste Durchschnittswert bei 39.000 lag, der mit der Anwendung von Tabakextrakten erzielt wurde, was einer größeren Wachstumssteigerung von 75 % entspricht Silva et al. (2016).

Ávila und Graterol (2005) stellten ebenfalls eine signifikante Auswirkung der Verwendung ökologischer Produkte auf die Anzahl der Schoten pro Pflanze fest. Die Anzahl der Schoten steht in direktem Zusammenhang mit der Produktivität der Sesampflanze, ebenso wie der Ausstoß von produktiven Zweigen (Severino, et al., 2002).

Mesquita (2010) ermittelte in seiner Studie ebenfalls einen Durchschnittswert von 143 Kapseln, der höher ist als der in dieser Studie ermittelte Wert. Vieira et al. (1994) berichteten, dass der Sesamanbau unter Regenwetterbedingungen bei Einhaltung aller Anforderungen der Kultur bis zu 70 Kapseln pro Pflanze produzieren kann. Beltrão et al. (1994) berichteten ebenfalls, dass

Mit verschiedenen Anbaumethoden für drei Sesamsorten haben sie nach eigenen Angaben Durchschnittswerte zwischen 102 und 135 Kapseln pro Pflanze erzielt.

Gewicht der Kapseln

Für diesen Parameter wurden die Kapseln für alle Behandlungen auf einer Präzisionswaage gewogen, und die Ergebnisse sind in der nachstehenden Tabelle aufgeführt. Der niedrigste Durchschnitt lag bei 35.250 und der höchste bei 66.250.

Tabelle 6: Vergleich der Mittelwerte nach dem Gewicht der Kapseln pro Pflanze

Behandlungen	Medien
Tabak *(Nicotina tabacum sp)*	56 A
Margosa *(Azariactina indica)*	59 A
Eukalyptus *(Eucaliptus sp)*	62 A
Rizinusöl *(Ricinus communis L)*	66, 250 AB
Kontrolle	35,250 B
CV (%)	7,94
Gesamtdurchschnitt	42,600
Wahrscheinlichkeit	0,0772

Durchschnittswerte, die die gleichen Buchstaben aufweisen, sind nicht gleich. Tukey-Test auf dem 5 %-Wahrscheinlichkeitsniveau.

Die Ergebnisse der Varianzanalyse auf dem 5-Prozent-Wahrscheinlichkeitsniveau zeigten, dass Castor-Extrakte im Vergleich zu den anderen Sorten und der Kontrolle ein höheres durchschnittliches Gewicht der Kapseln pro Pflanze aufwiesen.

Magalhães et al. (2010) beobachteten statistisch signifikante Auswirkungen zwischen den Behandlungen auf das Gewicht der produzierten Schoten bei Sesam, der unter halbtrockenen Bedingungen in der Region im Hinterland von Parabia biologisch mit Rinderdung angebaut wurde, mit der Tendenz, dass der Durchschnittswert mit zunehmender Dosis an Rinderdung anstieg, wobei der höchste Wert bei einer Dosis von 40 Tonnen/ha festgestellt wurde. Dieser Wert steht im Widerspruch zu einer Studie von Alves (2014), in der der Autor 69 Schoten pro Pflanze beobachtete, als er 12 Liter Gülle pro Laufmeter ausbrachte. Bei den Tabak- und Nachkontrollbehandlungen wurde jedoch ein Rückgang beobachtet, wobei keine dieser Behandlungen den Werten der anderen Behandlungen entsprach, mit Ausnahme von Rizinus mit einem Durchschnittswert von etwa 66.250. Die anderen Behandlungen waren in diesem Versuch in Bezug auf das Schotengewicht pro Pflanze nicht effizient, was auf die folgenden externen Faktoren zurückzuführen ist: Wasseraufnahmekapazität, Befüllung, Heterogenität der Umgebung und Aussaatdatum **Tabelle 7: Ertrag in kg/ha**

Behandlungen	Medien
Tabak *(Nicotina tabacum sp)*	1501,0 A
Margosa *(Azariactina indica)*	992,5 AB
Eukalyptus *(Eucaliptus sp)*	743,3 V. CHR.
Rizinusöl *(Ricinus communis L)*	660,0 V. CHR.
Kontrolle	267, 5 C
CV (%)	35,13
Gesamtdurchschnitt	832, 85
Wahrscheinlichkeit	0,0010

Durchschnittswerte mit gleichen Buchstaben unterscheiden sich laut Tukey-Test mit einer Wahrscheinlichkeit von 5% nicht signifikant.

Basierend auf den Ergebnissen der *ANOVA* wurden signifikante Unterschiede zwischen den Behandlungen festgestellt, wobei nach dem *Tukey-Test* die Behandlung mit *Nicotina tabacum sp-Extrakten* im Vergleich zu den anderen Behandlungen einen sehr hohen Durchschnitt von 1501,0 kg/ha aufwies und der niedrigste Durchschnitt bei den *Castor-Extrakten* mit 660,0 kg/ha beobachtet wurde.

Die oben in Tabelle 5 aufgeführten Ergebnisse stimmen nicht mit den Ergebnissen von Lima (2011) überein, der auf einer Fläche von 15 m² mit Sesam in einem Abstand von 10 cm zwischen den Pflanzen und 60 cm zwischen den Reihen und mit nur 70 Kapseln pro Pflanze eine Population von 400.000 Pflanzen pro Hektar schätzte und einen Ertrag von 2.292 kg/ha erzielte. Es ist klar, dass diese Zahl sehr hoch ist, da der Versuch auf einer sehr kleinen Fläche durchgeführt wurde, aber er sagt, dass, wenn der Versuch in großem Maßstab durchgeführt worden wäre, die Kontrolle über die Boden- und Pflanzenbewirtschaftung nicht so effektiv gewesen wäre, was die Produktivität verringert hätte.

Mesquita (2010) schätzte anhand von Untersuchungen im Gewächshaus mit der Sesampflanze einen Ertrag von 1000 kg/ha, ein niedrigerer Wert als in der vorliegenden Studie. Perin *et al.* (2010) erzielten auf der Grundlage von Feldversuchen einen Ertrag von 843,43 kg/ha, d. h. es bestand ein signifikanter Unterschied, und die in dieser Studie gewonnenen Daten zeigten einen höheren Ertrag im Vergleich zu den von den vorgenannten Autoren durchgeführten Studien.

Die in dieser Studie erzielten Ergebnisse stimmen jedoch nicht mit den Angaben des IIAM (2020) überein, wonach der durchschnittliche Sesamertrag in den nördlichen und zentralen Regionen des Landes (Mosambik) zwischen 800 und

1000 kg/ha liegt.

Der für den Sesamkornertrag ermittelte Variationskoeffizient (35,13) wird als wenig präzise angesehen (Garcia, 1989).

Schlussfolgerung und Empfehlungen

In Bezug auf die Wirksamkeit der pflanzlichen Insektizide bei der Bekämpfung des untersuchten Schädlings, des Blattkäfers (*Alocypha bimaculata* Jacoby), schnitt Tabak *(Nicotina tabacum sp)* mit einem Ertrag von 1501 kg/ha am besten ab, gefolgt von *Azadirachta indica* mit 992,5 kg/ha.

Es gab statistisch signifikante Unterschiede bei den untersuchten Parametern (Anzahl der Kapseln und Gewicht der Kapseln). Bei den Parametern Herbivorie-Index, Anzahl der toten und lebenden Schädlinge gab es einen signifikanten Unterschied bei der Behandlung mit Tabak, während die anderen Behandlungen keine signifikanten Unterschiede bei diesen Parametern aufwiesen. Was die Produktion betrifft, so zeigte Margosa eine bessere Leistung bei der Bekämpfung der anderen Schädlinge, während Tabak bei der Bekämpfung des untersuchten Schädlings effizient war. Infolgedessen war der Ertrag von *Nicotina tabacum sp-Extrakten* mit durchschnittlich 1501,0 kg/ha höher. Daher wird die Nullhypothese (H0) verworfen und die Alternativhypothese (H1) angenommen. Empfehlungen

Auf der Grundlage der in dieser Studie erzielten Ergebnisse wird Folgendes empfohlen

➢ An das IIAM - Instituto de Investigação Agraria de Moçambique, an diesem oder anderen Orten ähnliche Studien mit pflanzlichen Schädlingsbekämpfungsmitteln auf der Basis von Margosa- und Tabakextrakten durchzuführen, um die Bevölkerung davon zu überzeugen, neue Produktionstechniken anzuwenden, ohne auf chemische Produkte zurückgreifen zu müssen, da diese die Umwelt und die menschliche Gesundheit schädigen.

Sesamanbauern wird empfohlen:

In Bezug auf die Produktion erwies sich Margosa als effizient bei der Bekämpfung von primären und sekundären Schädlingen durch die Behandlungen, aber in Bezug auf die Bekämpfung des untersuchten Schädlings, des Blattkäfers (*Alocypha bimaculata* Jacoby), empfehle ich die Verwendung von Extrakten auf Tabakbasis, so dass der Erzeuger aufgerufen ist, eine kleine Anstrengung zu unternehmen, um die Behandlungen besser zu verstehen und neue Produktionstechniken zu übernehmen, die nachhaltig und leicht zu erwerben sind.

BIBLIOGRAPHISCHE REFERENZEN

Antoniassi, R., A, Gonsalves, (2013) *Einfluss der Anbaubedingungen auf die Zusammensetzung von Sesamöl.* V 60 no.3.

Andrade, L. N., & Nunes, M. U. (2001). *Alternative Produkte zur Krankheits- und Schädlingsbekämpfung im ökologischen Landbau.* Beira-Mar: Embrapa Tebuleiros Costeiros.

Arriel, N. H., Firmino, P. d., Beltrão, N. E., Soares, J. J., Araújo, A. E., Silva, A. C., & Ferreira, G. B. (2007). *Sesamanbau.* Brasilia, DF: Embrapa.

Beltrão, N.E.; F. freire, E.C.; Lima, (1955) E.F, *Gergelim cultura no tropico semi- arido.* Campina Grande: Embrapa-CNPA, 52 Seiten.

Beroza, M.; kinman, M.L, (1955) *semain, sasamondin and sesamol content of the oils of sesame as affected by strain, location graown, agring and frost danage.* Il v,32, p.348-350.

Biondie, M., & DAlessandro, P. (2011). Jacobyana Maulik, *eine Gattung orientalischer Flohkäfer, die neu in der Afrotropischen Region ist, mit Beschreibung von drei neuen Arten aus dem zentralen und südlichen Afrika (Coleoptera, Chrysomelidae, Alticinae). Zoochaves,* 47-59.

Carneiro, J. S. da S., Silva, P. S. S., Freitas, G. A. de, Santos, A. C. dos., Silva, R. R. da. (2014) *Response of sesame to fertilisation with bovine manure and doses of phosphorus in southern Tocantins.* Revista scientia Agraria, vol 17 n 2, p 41-48.

Clusa, (2008). *Handbuch für Berater für die Sesamproduktion.* Clusa Nampula. Coley, P, D. & J, A., Barone (1996) *Herbivorie und pflanzliche Abwehrkräfte in tropischen Wäldern.*

Annual Rev. Ecol. Syst. 305-335.

Cloyd, R. (2004) *Natural indeed: are natural insecticides safe and better than conventional insecticides? Illinois pesticide review,* 17: 1-3.

Dirzo, R., Domingues. (1995). *Pflanzen-Kräuterfresser-Interaktion in mesomerikanischen tropischen Trockengebieten*

Forest in: Ochsen, S. H., Moone, H, A., Medina, E. A, (eds). Saisonal trockene tropische Wälder. Cambridge: Cambridge University Press, S.304 - 325.

Embrapa Brazilian Agricultural Research Corporation, (2014) *Sesamanbau,*
2. Auflage, Londrina.

Embrapa, Embrapa-Böden (2009). *Manual de análise Química de* solos *e fertilizantes,* Brasilia: Embrapa *soils.*

Ferreira, P. G., Huther, C. M., Carvalho, A. S., Forizi, L., d., Silva, F. d., & Ferreira, V. F. (2020*).*Nicotin und der Ursprung der Neonicotinoide: Probleme und Lösungen. *Virtuelle Zeitschrift für Chemie, S. 403.*

Fonseca, K.S. *Bewertung der physiologischen Reife von Sesam (Sesamum indicum L)*

Um den idealen Erntezeitpunkt zu erreichen. Bundesuniversität Campina Grande in Paraíba, 1994. 35 S. Betreutes Praktikum, Dissertation.

Frandoloso, A., (2006). *Wachstum und Produktivität der Sesampflanze (Sesamum Indicum L.) unter verschiedenen Düngemitteln.* Botucatu, v 18, n. 2, p. 364-375.

Garcia, C.H., (1989). *Tabellen zur Klassifizierung von Variationskoeffizienten. Piracicaba*: IPEF, (Technisches Rundschreiben, 171) 12 S.

Guimarães, Rita de Cassia (2012*). Sesamsamen (Sesamum indicum L.)* Öl Auswirkungen auf Serumlipide und Glukose große Frau Felder.

Grilo, J. J., A. S., Azevedo, P. V. de (2013) Growth, development and productivity of BRS Seda sesame in Agrovila de Canudos, Ceara Mirim (RS). Holos Magazine, v.2, S.19-33. n2, p363-369.

Lima, F. V., Pereira, J. R., Araújo, W. P., Almeida, S. A. B., Leite, A.G., (2011). *Die Festlegung von Abständen für bewässerten Sesam.* Revista Educação Agrícola Superior, ABEAS, v 26, n.1, S. 10-16.

Linzmeier, G. R., und Ribeiro-Costa. V. V., (2012). *Review of the genus blosyrus schoenherr (coleoptera, chysomelidae) from Tanzania.* Oriental Insect, S. 29.

Koppad, G. R., N. Shivanna (2010). *Wirkung von Nikotin auf das Larvenverhalten und die Fitness von Drosophila melanogaster.* Journal of biopesticides, v 3, p. 222-226.

Mãe, (2005). *Perfil do distrito de Montepuez província de Cabo Delgado*. Ed. Mosambik: Ministerium für staatliche Verwaltung.

Magalhães, I. D., Costa, F. E., Alves, G. M. R., Almeida, A. E. S., Silva, S. D.; Soares, C. S. (2010). *Ökologischer Sesamanbau unter semi-ariden Bedingungen. In: IV Brasilianischer Kongress für Mamona & I Internationales Symposium über Energie-Ölsaaten, João possa- PB, 2010. Proceedings* Campina Grande: Embrapa Cotton, S. 749-754.

Martinez, S,S. (2002),o neem: *Azadirachta indica, usos múltiplos, produção londrina: IAPAR*. 142p.

Marconi, A. M., Alves, L. F. A., Bonini, A. K., Mertz, N. R., dos Santos, J. C. (2009). *Insektizide Aktivität von Pflanzenextrakten und Neemöl auf adulte Käfer (Coleoptera).* Arquivo instituto biológico, *v. 76, n. 3, p.409-416*.

Marques, C. R, G., Mikami, A, Y., Pissinati, A., Piva, LL. B., Santos, O, J. A. P., Ventura, M. U, (2013). *Mortalität von Käfern durch Neem- und Citronella-Öl*. Semina: ciências agrarias v34, n 6, p2565-2574.

Menesse, P. R., & Almeida, T. d. (2012). *Reseachgate*. Abgerufen von https://drive.google.com/ /file/d/1wphyfrboxowhnr6lfov-xQMZ-_JIZHa/view.

Mesquita, J. B. R. (2010). *Management der Sesampflanze, die verschiedenen Bewässerungsraten, Stickstoff- und Kaliumdosen durch die konventionelle Methode und durch Ferti-Bewässerung ausgesetzt ist.* Dissertation (Master-Abschluss in Agronomie) - Bundesuniversität von Ceara, Fortaleza.

Milani, M., Junior, S. R., & Sousa, R. d. (2009). *Castor bean subspecies*. Campina Grande, PB: Nationales Baumwollforschungszentrum.

Moreira, M. D., Picanço, M. C., Silva, E. M., Moreno, S. C., & Martins, J. C. (2017). *Einsatz von pflanzlichen Insektiziden bei der Schädlingsbekämpfung*. Brasilien.

Morreira, M. D., Picanço, M. C., Silva, E. M., Moreno, S. C., & Martins, J. C. (Januar 2007). Einsatz von pflanzlichen Insektiziden in der Schädlingsbekämpfung.

Monteiro, A. F, Pereira, G. L., Azevedo, M. R. Q. A., Fernandes, J. D., Azevedo, C. A, V. IIAM, (2011). Jährlicher Tätigkeitsbericht zur Agrarkampagne

2009/2010. IIAM, (2020). Vierteljährlicher Bericht über das Landwirtschaftsjahr 2018/2019.

IITA, (2012). *Extension Worker's Handbook.*

IAPAR, (2006) *InstitutagronómicodoPanará.* http:/www.iapar.br/zip pdf/nim2.pdf. (14. Februar).

Iria, M., José, R., Guedes, J., Katell, & Sonia (2020). *Natürliche Pestizide: Alternatives Management für Schädlinge und Krankheiten.* Brasilien: CIP-Brasil.
Jacobson, M. (1989) Botanische Pestizide: Vergangenheit, Gegenwart und Zukunft. In: Arnason, J. T., Philogene, B. J. R., Morand, P. Insecticide of plant origin. *Washington, DC, Amerikanische Chemische Gesellschaft.* V.387, S.69-77.
Jacomini, D. Temporini, L. G., Alves, L. F. A., Silva, E. A. A., Marinho, T. C. J., (2016).

Tabakextrakt bei der Bekämpfung des Klapperschlangenkäfers. Pesquisa agropecuária brasileira, v 51, n.5.

Jolivet, S. S., and Verma. H., (2002), Vareital suceptibilly of (*Sesam sesamum indicum L*) *Alocypha bimaculata* Jacoby. JNKVV Res J., 8 S. 3-4.

Júnior, J. A. S., Azevedo, (2013), *Wachstum und Entwicklung Produktivität von Sesam.* Revista hools, v,2, p.12-33.

Júnior, J. E. P., Santarosa, E., & Goulart, I. C. G. R. (2014). *Der Anbau von Eukalyptus* auf *ländlichen Grundstücken:* Diversifizierung von Produktion und Einkommen. Embrapa. Brasília, Df.

Lago, A.A; Camargo, O., B. A.; Savy e filhos, A; Maeda, J, A (2001). *Reifung und Saatgutproduktion der Sesamsorte IAC-china pesquisa agropecuária Brasileira*, Brasília 36, (2014). *Hydroponischer Anbau von Sesamsorten in organisch-mineralischen Nährlösungen, optimiert mit dem Tool* Solver. V 18, p. 417-424.

Neves, E. J., Carpanezzi, A. A., Vianna, P. A., Ribeiro, P. E., Prates, H. T., Malimpence, R. A., Santos, A. J. (2008). *Die Neem-Pflanze.* Brasilia: Embrapa Technological Information.

Neto, M. E., Pereira, W. E., Souto, J. S., Arriel, N. H. C. (2016) *Growth and productivity in Fluvic neosol as a function of organic and mineral fertilisation.*

Rer. Ceres vol 63 n 4 viçosa Jul/ Aug.

Oliveira, Jason Silva, (2000). *Situation von Sesam in Barreiras.* Barreiras de Bahia.

Olmi, (2006), v3: p183 Integrierte Schädlingsbekämpfung.

Palote, D. S. S., (2017). *Review on beetles (coleoptera): An Agriculture major crop pets the words. International jounal of life-sciences scientific.* Research 36, 1424-1432.

Paulo Afonso Viana, P. E. (2010). Wirkung von wässrigen Extrakten aus grünen Neemblättern (*Azadirachita indica*) und Zeitpunkt der Anwendung auf die Schädigung und Larvenentwicklung von Spodoptera frungiperda (J.E. Smith, 1797). *Revista Brasilleira de Milho e Sorgo, v.9,n.1,p,* 27-37.

Perin, A. D., J. Silva, J. W., (2010) Die Leistung von Sesam in Abhängigkeit von der NPK-Düngung

und das Niveau der Bodenfruchtbarkeit. *Actascientiarum Agronomy*, v. 32, n. 1, p. 93-98.

Picanço, M. C. (2010). *Integrierte Schädlingsbekämpfung.* Brasilien: Viçosa, MG.

Queiroga, V. P., Arriel, C., Silva, (2010) *technology for the sesame agribusiness.* Embrapa Baumwolle 1 ed.

Queiroga, V, P.; Silva, O. R.R.F, (2008), *Technologien für den mechanisierten Sesamanbau.* Embrapa, p142.

Rech, T. (2018). *Diversität von Alricini (Newman, 1834) (Coleoptera, Chrysomelidae Galerucinae) in Waldfragmenten im Südosten von Panara.* Brasilien: Dourados- Ms.

Luciano S. S.Z. N. (2008). *Reachgate.* Abgerufen von ainfo.cnptia.embrapa.br

Shiratsuchi, L. S. (2008). *Reaseachgate.* Abgerufen von ainfo.cnptia.embrapa.

Silva, N. F., Nascimento, L. F., Santos, R. F., Junior, L. A., Cunha, E., & Rocha, E. O. (2019). Eigenschaften und kulturelle Behandlungen von Sesam (*Sesamum indicum*). *Revista Brasileira de Energias Renováveis v8, n.4,* 665-675.

Sparks, T. C., Nauen, R. Irac; (2015). *Klassifizierung der Wirkungsweise und Insektizid Resistenzmanagement.* Biochemie und Physiologie der Pflanzenschutzmittel, V 121, S. 122-128.

Turrati, M. P., (2010). *Verbreitungsmuster pflanzenfressender Insekten in einem Fragment des dichten montanen ombrophilen Waldes im Süden Santa Catarinas.* TCC (Grundstudium der Biowissenschaften) - Universidade do Extremo Sul Catarinense, Criciúma, 43 f.

Vilela, J. A. (2008). *Effekt der Anwendung von Neem-Öl (Azadirachta indica) auf der Haut und Moxidectin subkutan zur Verhinderung eines künstlichen Befalls durch Dermatobia hominis (LinnaeusJr., 1781) (Diptera: Cuterebridae) bei Rindern.* Rio de Janeiro.

I want morebooks!

Buy your books fast and straightforward online - at one of world's fastest growing online book stores! Environmentally sound due to Print-on-Demand technologies.

Buy your books online at
www.morebooks.shop

Kaufen Sie Ihre Bücher schnell und unkompliziert online – auf einer der am schnellsten wachsenden Buchhandelsplattformen weltweit! Dank Print-On-Demand umwelt- und ressourcenschonend produziert.

Bücher schneller online kaufen
www.morebooks.shop

 info@omniscriptum.com
www.omniscriptum.com

Milton Keynes UK
Ingram Content Group UK Ltd.
UKHW032224011124
450424UK00002B/166